U0226393

有限双CAYLEY图的同构问题

靳 伟 著

The Isomorphism Problems of
Finite bi-Cayley Graphs

本书得到以下基金的资助：NSFC（11661039）；
江西省科技厅基金（项目编号：2018ACB21001，
GJJ190273，20192ACBL21007）；CPSF（2019
T120563）。

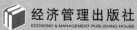

经济管理出版社
ECONOMY & MANAGEMENT PUBLISHING HOUSE

图书在版编目（CIP）数据

有限双 Cayley 图的同构问题/靳伟著. —北京：经济管理出版社，2019.10
ISBN 978-7-5096-6101-7

Ⅰ. ①有…　Ⅱ. ①靳…　Ⅲ. ①Cayley 图—同构—研究　Ⅳ. ①O152

中国版本图书馆 CIP 数据核字（2019）第 244793 号

组稿编辑：王光艳
责任编辑：李红贤
责任印制：黄章平
责任校对：董杉珊

出版发行：经济管理出版社
　　　　　（北京市海淀区北蜂窝 8 号中雅大厦 A 座 11 层　100038）
网　　　址：www. E-mp. com. cn
电　　　话：(010) 51915602
印　　　刷：三河市延风印装有限公司
经　　　销：新华书店
开　　　本：720mm×1000mm /16
印　　　张：8
字　　　数：81 千字
版　　　次：2019 年 12 月第 1 版　　2019 年 12 月第 1 次印刷
书　　　号：ISBN 978-7-5096-6101-7
定　　　价：68. 00 元

·版权所有　翻印必究·

凡购本社图书，如有印装错误，由本社读者服务部负责调换。
联系地址：北京阜外月坛北小街 2 号
电话：(010) 68022974　邮编：100836

前　言

　　在群与图的研究中，图的同构问题一直是一个热门问题。在本书中，我们主要研究双 Cayley 图的同构问题和 BCI-群的 Sylow 子群的结构。

　　二部图是一类很重要的图，而双 Cayley 图 Γ 是具有下列性质的特殊二部图：即图 Γ 的全自同构群 $Aut(\Gamma)$ 包含一个在 Γ 的二部划分上作用分别正则的子群。事实上，这类图也可以通过群直接构造：设 G 是一个有限群，而 S 是群 G 的一个子集(允许含有群 G 的单位元)，则群 G 关于子集 S 的双 Cayley 图是以 $G\times\{0,1\}$ 为点集和以 $\{(g,0),(sg,1)\}(g\in G,s\in S)$ 为边集的二部图，记作 $BCay(G,S)$。

　　对任一有限群 G 和 G 的一个不含单位元的子集 S，我们可以如下定义著名的图类 Cayley 图 $\Gamma=Cay(G,S)$：点集

$V(\Gamma) = G$，弧集 $Arc(\Gamma) = \{(g, sg) \mid g \in G, s \in S\}$。对同一个群 G 和同一个子集 S，所作的 Cayley 图 $Cay(G, S)$ 和双 Cayley 图 $BCay(G, S)$ 有很紧密的联系，例如 $BCay(G, S)$ 是 $Cay(G, S)$ 的标准双覆盖。同时，Cayley 图 $Cay(G, S)$ 和双 Cayley 图 $BCay(G, S)$ 也有很大的不同，例如图 $BCay(G, S)$ 总是无向二部图，而图 $Cay(G, S)$ 是无向图，当且仅当 $S = S^{-1}$；$Cay(G, S)$ 总是点传递图，而 $BCay(G, S)$ 可能不点传递，例如 Lu 等[①]构造了边传递但不点传递的 3 度双 Cayley 图的无限族的例子。

大家知道，对 Cayley 图的同构问题研究起步较早，称为 Cayley 图的 CI 性，并取得非常丰富的结果。而对双 Cayley 图同构问题的研究到目前为止还很少，因此对双 Cayley 图同构问题的研究仍然具有重要意义。类似于 Cayley 图的 CI 性，我们可以定义双 Cayley 图的 BCI 性，参看本书定义 2.6。

在徐尚进等《双 Gaylex 图的 BCI-性》一文[②]中已经证

---

① Z. P. Lu, C. Q. Wand and M. Y. Xu, Semisymmetric cubic graphs constructed from bi-Cayley graphs of An, Ars Combin, 2006(80): 177–187.

② 徐尚进，靳伟，石琴等. 双 Cayley 图的 BCI-性. 广西师范大学学报，2006，26(2): 33–36.

明了任何有限群 G 都是 1-BCI-群；G 是 2-BCI-群当且仅当对 G 中任意一对同阶元 a 与 b，Aut（G）在 a 与 b 或 b^{-1} 之间传递，参看本书引理 2.11。所以本书主要研究对于 $m \geqslant 3$ 的群的 m-BCI 性。我们知道对有限群的 Sylow 子群的结构的了解对群本身的理解具有重要帮助，所以我们首先决定了 3-BCI-群的 Sylow 子群的所有可能性。我们证明对一个 3-BCI-群 G：它的 Sylow 2-子群要么初等交换，要么循环，要么同构于 Q_8；Sylow p-子群是齐次循环群，其中 p 是 $|G|$ 的一个奇素因子。

其次，作为上述结论的应用，本书决定了所有的有限非交换单 3-BCI-群。我们证明：一个有限非交换单群 G 是 3-BCI-群当且仅当 G 是交错群 A_5。

再次，我们研究有限循环群的 m-BCI 性，并重点研究了 $2p$ 阶循环群和循环 p-群，其中 p 是素数。我们证明 $2p$ 阶循环群是 3-BCI-群；循环 p-群是（$p-1$）-BCI-群。

最后，我们决定了所有阶小于 9 的群的 BCI 性。除了二面体群 D_8、循环群 Z_8 和交换群 $Z_4 \times Z_2$ 外，所有的阶小于 9 的群都是 BCI-群。

目　录

第 1 章

引 言

1.1 图同构问题和研究背景

  本书中讨论的图都是有限简单图，主要采用有限群论、有限图论和组合论的方法，涉及的定义和符号请参阅一些文献①②。对一个图 Γ，其顶点集记作 $V(\Gamma)$，边集记作 $E(\Gamma)$，弧集记作 $Arc(\Gamma)$，其全自同构群记作 $Aut(\Gamma)$。如果 $Aut(\Gamma)$ 分别作用在 $V(\Gamma)$ 和 $E(\Gamma)$ 上传递，则称 Γ 是点传递和边传递的。

  图论里面的一个基本问题是图之间的同构问题，就是对给定的两个图决定它们是否同构。例如著名图类 Cayley 图的同构问题（CI 性问题）。设 G 是一个有限群，定义群 G 关于其子集 $S(S\subseteq G\backslash\{1\})$ 的 Cayley 图为 $\Gamma:=Cay(G, S)$，其中，$V(\Gamma)=G$ 和 $Arc(\Gamma)=\{(g, sg)\,|\,g\in G, s\in S\}$。如果

---

① 徐明曜. 有限群导引（第二版）（上，下册）. 北京：科学出版社，1999.

② N. Biggs. Algebraic Graph Theory（second edition），Cambridge University Press，Cambridge，1993.

我们把两条弧(g, sg)和(sg, g)记作一条边$\{g, sg\}$，则 $Cay(G, S)$是一个无向图。子集 S 称为 G 的一个 Cayley-子集。由定义容易知道 $Cay(G, S)$ 连通，当且仅当 $G = \langle S \rangle$。并且 $R(G) \leqslant Aut(\Gamma)$，这里 $R(G) = \{R(g) \mid R(g): x \mapsto xg, x, g \in G\}$ 是 G 的右正则表示，因此 Cayley 图还是点传递的。

Cayley 图是由 A. Cayley 在 1878 年提出的，当时为了解释群的生成元和定义关系。Coxeter 和 Moser[①] 用 Cayley color diagram 研究由生成元和生成关系给定的群。一个 Cayley color diagram 就是一个有向图使得边是涂了颜色的，如果忽略边上的颜色，将诱导出一个 Cayley 图。Cayley color diagram 被 Schreier 在 1927 年推广到 Schreier 陪集，并且这两个对象都被 Sabidussi 当成图来研究[②]。由于 Cayley 图构造的简单性和高度的对称性，它们受到图论学者的重视，成

---

① H. S. M. Coxeter and W. O. J. Moser. Generators and relations for discrete groups, Springer, Berlin, Gottinger, 1957.

② G. O. Sabidussi. Vertex transitive graphs Monatsh, Math., 1964 (68): 426-438.

为群与图的一个重要研究领域①②③④⑤。对 Cayley 图的研究已经持续了一个多世纪，近几十年来人们主要从事 Cayley 图的同构问题以及自同构群的研究。而有关 Cayley 图的同构问题结果十分丰富，人们称 Cayley 图的同构问题为 Cayley 图的 CI 性问题。Cayley 图 $\Gamma = Cay$（G，S）被称为一个 CI-图，如果对任意另外一个 Cayley 图 $\Gamma' = Cay$（G，T）使得 $\Gamma \cong \Gamma'$，则存在群自同构 $\alpha \in Aut$（G）使得 $S^\alpha = T$。关于

① C. H. Li. On isomorphisms of finite Cayley graphs—A survey, Discrete Math, 2002 (256)：301-334.

② M. Muzychuk. Adam's conjecture is true in the square-free case, Theory（A），1995 (72)：118-134.

③ C. E. Praeger, Finite transitive permutation groups and finite vertex-transitive graphs, in Graph Symmetry：Algebraic Methods and Applications, NATO ASI Ser. C, 1997（497）：277-318.

④ X. G. Fang, C. H. Li and M. Y. Xu. On edge-transitive Cayley graphs of valency four, European J. Combin, 2004（25）：1107-1116.

⑤ J. X. Zhou and Y. Q. Feng. Two sufficient conditions for non-normal Cayley graphs and their applications, Sci. China Ser. A（50），2007（2）：201-216.

Cayley 图的 CI 性问题已经有很多研究[1][2][3][4][5][6][7][8][9][10]。

设 G 是一个有限群，Γ 是 G 的一个 Cayely 图。则 Γ 是否是一个 CI 图不仅取决于 Γ 本身，还取决于群 G。参看下面例子[11]。

[例 1-1] 设 $p \geqslant 5$ 是一个素数，让 $C_p[C_p]$ 是圈图 C_p 和 C_p 的字典式积。则 $\Gamma \cong Cay(Z_p^2, S) \cong Cay(Z_{p^2}, T)$。[12] Γ 是初等交换群 Z_p^2 的一个 CI 图。但 Γ 不是循环群 Z_{p^2} 的 CI 图。

人们最开始感兴趣的研究问题是小度数的 Cayley 图的

---

①⑪　C. H. Li. On isomorphisms of finite Cayley graphs—A survey, Discrete Math, 2002 (256)：301-334.

②　M. Muzychuk. Adam's conjecture is true in the square-free case , Theory（A）, 1995 (72)：118-134.

③　C. E. Praeger. Finite transitive permutation groups and finite vertex-transitive graphs, in Graph Symmetry：Algebraic Methods and Applications, NATO ASI Ser. C, 1997 (497)：277-318.

④　M. Muzychuk. On Adam's conjecture for circulant graphs, Discrete Math, 1997 (167/168)：497-510.

⑤　C. H. Li. Isomorphisms of finite Cayley graphs, Bull. Austral. Math. Soc, 1997（56）：169-172.

⑥　C. H. Li. On isomorphisms of connected Cayley graphs, Ⅱ, J. Combin. Theory Ser. B, 1998（74）：28-34.

⑦　M. Y. Xu. Automorphism groups and isomorphisms of Cayley digraphs , Discrete Math, 1998（182）：309-319.

⑧　S. J. Xu. The Nature of Non-weak 3-DCI in Frobenius Group with 3p Order, Guangxi Sci. 7, 2000（2）：115-117.

⑨　方新贵. 有限交换 2-DCI-群的刻画. 数学杂志, 1988（8）：315-317.

⑩　徐尚进，李靖建，靳伟等. qp 阶亚循环群的弱 q-DCI 性. 广西师范大学学报, 2007（25）：10-13.

⑫　C. D. Godsil. On Cayley graph isomorphisms, Ars Combin, 1983(5)：231-246.

CI 性。设 q 是一个素数幂。[①] 线性群 PSL（2，q）的所有的连通 2 度 Cayley 图都是 CI 图。并且本文献猜想任意有限单群的所有连通 2 度 Cayley 图都是 CI 图。这个猜想被 Hirasaka 和 Muzychuk[②] 证明了：任意有限单群的连通 2 度 Cayley 图都是 CI 图。

群 G 的一个 Cayley 图 $Cay(G, S)$ 被称为正规 Cayley 图，如果 G 的右乘置换 $R(G)$ 是 $Cay(G, S)$ 的全自同构群的一个正规子群。正规 Cayley 图的定义是徐明曜教授首次定义的[③]。Godsil 证明了 $N_{Aut(\Gamma)}(G) = G : Aut(G, S)$[④]。正规 Cayley 图的研究在 Cayley 图的同构问题的研究中起着非常重要的作用。许多学者已经做了很多有意义的工作。Fang、Li、Wang 和 Xu 等证明了对大部分的有限单群 G[⑤]，G 的连通三度 Cayley 图都是正规 Cayley 图。然后，作为上述结果

① C. H. Li. On isomorphisms of connected cayley graphs III, Bull. Austral. Math. Soc, 1998（58）：137-145.

② M. Hirasaka, M. Muzychuk. Association schemes with a relation of valency two, Discrete Math. , Discrete Math, 2002（244）：109-135.

③ M. Y. Xu. Automorphism groups and isomorphisms of Cayley digraphs, Discrete Math, 1998(182)：309-319.

④ C. D. Godsil. On the full automorphism group of a graph, Combinatorica, 1981（1）：243-256.

⑤ X. G. Fang, C. H. Li, J. Wang and M. Y. Xu. On cubic cayley graphs of finite simple groups, Discrete Math, 2002(244)：67-75.

的应用，他们证明了如下的有趣结论：大部分的有限单群 G 都是连通 3-CI-图；对大部分的有限单群 G，它们做成的 Cayley 图 $Cay(G, S)$ 是一个图表示当且仅当 $Aut(G, S) = 1$。

交换群的 Cayley 图的 CI 性的研究也是一个热点。设 G 是一个交换群，e 是它的单位元。让 $\Gamma = Cay(G, S)$ 和 $A = Aut(\Gamma)$。或者 A_e 忠实地作用在子集 S 上面①，或者 S 包含 G 的某个非平凡子群的陪集。应用上面结论证明了下面有趣的结果②。

设 G 是一个交换群。令 $\Gamma = Cay(G, S)$，令 $A = Aut(\Gamma)$。假设 G 是一个交换群，且 $(|G|, |A_e|) = p$，这里 p 是一个素数。则下面两者之一成立：①Γ 是 G 的一个 CI 图。②S 包含 G 的某个非平凡子群的陪集。

设群 G 是一个循环群，则 G 的任意一个 Cayley 图称为 G 的一个 circulant 图。对于 circulant 图的 CI 性的研究有下

---

① C. D. Godsil. On the full automorphism group of a graph, Combinatorica, 1981（1）：243-256.

② C. H. Li. On isomorphisms of connected Cayley graphs, Discrete Math, 1998（178）：109-122.

面重要的结果①②：①一个 n 阶循环群是一个 DCI 群，当且仅当 $n=k$，$2k$；或者 $n=4k$，这里 k 是一个非平方形式的奇数。②一个 n 阶循环群是一个 CI 群，当且仅当 $n\in\{8,9,18\}$或者 $n=k$，$2k$ 或者 $n=4k$，这里 k 是一个非平方形式的奇数。

对上述结果的证明持续了 30 多年。期间，人们首先解决了很多特殊循环群 Z_n。例如，Djokovic③，Elspas 和 Turner④，Turner⑤解决了 $n=p$；Mckay⑥解决了 $n\leqslant37$，且 $n\neq16$，24，25，27，36；Babai⑦解决了 $n=2p$，这里 p 是一个素数。

另外一类特殊交换群是初等交换群。Babai 和 Frankl 提

———————————

① M. Muzychuk. Adams' conjecture is true in the square-free case，J. Combin. Theory(A)，1995(72)：118-134.

② M. Muzychuk. On Adam's conjecture for circulant graphs，Discrete Math，1997(167/168)：497-510.

③ D. Z. Djokovic. Isomorphism problem for a special class of graphs，Acad. Sci. Hungar，1970 (21)，267-270.

④ B. Elspas and J. Turner. Graphs with circulant adjacency matrices，J. Combin. Theory，1970 (9)：297-307.

⑤ J. Turner. Point symmetric graphs with a prime number of points，J. Combin. Theory，1967 (3)：136-145.

⑥ B. D. Mckay. Unpublished computer search for cyclic CI graphs.

⑦ L. Babai. Isomorphism problem for a class of point-symmetric structure，Acta Math. Acad. Sci. Hungar，1977 (29)：329-336.

出下面问题①: 是否初等交换群都是 CI 群? 为了回答这个问题, Nowitz 构造了一个关于 Z_2^6 的 32 度 Cayley 图②, 但是这个图不是 CI 图。这个结果否定了 Babai 和 Frankl 提出的问题。

对简单无向图, 依赖于秩为 2 和 3 的仿射本原置换群的分类, 关于 2-CI-群的一个刻画被提出③④。

通过群 G 也可以定义一个双 Cayley 图: 设 G 是一个有限群, S 是群 G 的一个子集, 则群 G 关于子集 S 的双 Cayley 图 $BCay(G, S)$ 是以 $G×\{0, 1\}$ 为点集和以 $\{(g, 0), (sg, 1)\}$ $(g \in G, s \in S)$ 为边集的二部图。双 Cayley 图不一定点传递。相比较于 Cayley 图来说, 至今有关双 Cayley 图的工作还很少。

设 $\Gamma = BCay(G, S)$ 是群 G 关于其子集 S 的双 Cayley 图。让 $U(\Gamma)$, $W(\Gamma)$ 是 Γ 的点集的两个二部划分。任取 $g \in G$,

---

① L. Babai and P. Frankl. Isomorphisms of Cayley graphs I, in: Colloqzeria Mathematica Societatis JNanos bolyai, Vol. 18. Combinatorics, Keszthely, 1976, North - Holland, Amsterdam, 1978: 35-52.

② L. A. Nowitz. A non-Cayley-invariant Cayley graph of the elementary Abelian group of order 64, Discrete Math, 1992 (110): 223-228.

③ C. H. Li and C. E. Praeger. Finite groups in which any two elements of the same order are either fused or inverse-fused, Comm. Algebra, 1997, 25 (11): 3081-3118.

④ C. H. Li and C. E. Praeger. On the isomorphisms problem for finite Cayley graphs of bounded valency, European J. Combin, 1999 (20): 279-292.

定义 $V(\Gamma)$ 到自身的一个映射 $R(g):(x,y)\longmapsto(xg,y)$，$y\in\{0,1\}$，让 $R(G):=\{R(g)\mid g\in G\}$。则 $R(G)\leqslant Aut(\Gamma)$，并且 $R(G)$ 分别作用在 $U(\Gamma)$，$W(\Gamma)$ 上正则。反之，一个二部图 Γ 是双 Cayley 图的充分条件是存在 $Aut(\Gamma)$ 的一个子群分别在 Γ 的二部划分上的作用正则[①]。

本书主要研究同一个群的不同双 Cayley 图之间的同构问题。我们给出如下定义。若 G 的子集 S 和 T 满足 $BCay(G,S)\cong BCay(G,T)$，则称 S 与 T 等价，记作 $S\sim T$。显然"$\sim$"是等价关系。

容易证明：

（1）$S\sim S^{\alpha}(\alpha\in Aut(G))$；

（2）$S\sim gSh(g,h\in G)$。

事实上，针对 $\alpha\in Aut(G)$，定义映射 $\overline{\alpha}$ 如下：

$\overline{\alpha}:(x,y)\longmapsto(x^{\alpha},y)$，$x\in G$；$y=0,1$。

则 $(x,0)$ 和 $(y,1)$ 在 $BCay(G,S)$ 中相连，当且仅当 $yx^{-1}\in S$，当且仅当 $(yx^{-1})^{\alpha}\in S^{\alpha}$，$y^{\alpha}(x^{-1})^{\alpha}\in S^{\alpha}$，当且仅当 $(x^{\alpha},0)$ 和 $(y^{\alpha},1)$ 在 $BCay(G,S^{\alpha})$ 中相连。所以 $\overline{\alpha}$ 是

① S. F. Du and M. Y. Xu. A classification of semi-symmetric graphs of order 2pq, Com. Algebra, 2004(25): 1107-1116.

$BCay(G, S)$ 到 $BCay(G, S^\alpha)$ 的一个同构映射。所以（1）成立。

又针对 $g, h \in G$，定义映射 $\overline{(g, h)}$ 如下：

$\overline{(g, h)}$：$(x, 0) \mapsto (x^h, 0)$，$(x, 1) \mapsto (gxh, 1)$，$\forall x \in G$。

则 $(x, 0)$ 和 $(y, 1)$ 在 $BCay(G, S)$ 中相连，当且仅当 $yx^{-1} \in S$，当且仅当 $gyx^{-1}h \in gSh$，即 $gyh(x^{-1})^h \in gSh$，当且仅当 $(x^h, 0)$ 和 $(gyh, 1)$ 在 $BCay(G, gSh)$ 中相连。所以 $\overline{(g, h)}$ 是从 $BCay(G, S)$ 到 $BCay(G, gSh)$ 的一个同构映射。所以（2）成立。

上述两种同构映射及其合成统称双 Cayley 图的平凡同构，并且，如果 $BCay(G, S)$ 与 $BCay(G, T)$ 平凡同构，则称 S 与 T 共轭，记作 $S \approx T$。显然 "$\approx$" 也是等价关系。

显然 S 与 T 共轭一定有 S 与 T 等价，但是反过来成立吗？如果子集 $S = \{a\}$ 只含有一个元素，则对任一个含有一个元素的子集 $T = \{b\}$，让 $g = a^{-1}b$，我们有 $T = Sg$。所以 S 与 T 共轭。因此一元子集都共轭，且每个子集都与含单位元的子集共轭。事实上，如果 S 至少包含两个元素，则完全可以出现 S 与 T 等价，但是不共轭的情况。设 $S = \{1, s\}$ 和 $T = \{1, t\}$ 是含有两个元素的两个子集。让 $\Gamma_1: = BCay$

(G, S)，$\Gamma_2 := BCay(G, T)$。这时 Γ_1、Γ_2 都是 2 度无向图，所以它们的每个连通分支都是圈，并且 Γ_1 的圈形如

$(a, 0) \to (sa, 1) \to (sa, 0) \to (s^2a, 1) \to (s^2a, 0) \to \cdots \to (s^{o(s)-1}a, 1) \to (s^{o(s)-1}a, 0) \to (a, 1) \to (a, 0)$，圈长为 $2o(s)$；Γ_2 的圈形如 $(b, 0) \to (tb, 1) \to (tb, 0) \to (t^2b, 1) \to (t^2b, 0) \to \cdots \to (t^{o(t)-1}b, 1) \to (t^{o(t)-1}b, 0) \to (b, 1) \to (b, 0)$，圈长为 $2o(t)$，于是 $\Gamma_1 \cong \Gamma_2$ 等价于 Γ_1 的圈与 Γ_2 的圈等长，即 s 与 t 的阶相同。所以有限群 G 是 2-BCI-群，当且仅当对 G 中任意一对同阶元 s 与 t，$Aut(G)$ 在 s 与 t 或 t^{-1} 之间传递，参考引理 2.11。下面举个简单的两个子集等价，但不共轭的例子。

[例 1-2] 设 $G = D_8 = \langle a, b \mid a^4 = b^2 = 1, b^{-1}ab = a^{-1} \rangle$，$S_1 = \{1, a^2\}$，$S_2 = \{1, b\}$，$\Gamma_1 := BCay(G, S_1)$，$\Gamma_2 := BCay(G, S_2)$。则 Γ_1 和 Γ_2 都是两个 4-圈的并，所以 $\Gamma_1 \cong \Gamma_2$。但是，a^2 在 G 的中心里面，b 不在 G 的中心里面，所以 S_1 与 S_2 不共轭。

我们称有限群 G 的一个子集 S 是一个 BCI-子集，如果对任一个子集 T 使得 S 与 T 等价，则一定有 S 与 T 共轭。设 s 是一个正整数，则 G 称为一个 s-BCI-群，如果对任意

$i \leqslant s$，G 的包含 i 个元素的子集都是 BCI-子集。所以 G 的任意一个一元子集都是一个 BCI-子集。有限群 G 是 2-BCI-群，当且仅当对 G 中任意一对同阶元 s 与 t，$Aut(G)$ 在 s 与 t 或 t^{-1} 之间传递。本书主要研究 m-BCI 群，这里 $m \geqslant 3$。

徐尚进等定义了 BCI-子集和 m-BCI-子集[①]，并证明了循环 p-群中的任意包含 i 个元素的生成子集是 BCI-子集，其中 $i \leqslant p-1$；一个阶为 pq 的循环群是一个 3-BCI-群，其中 p、q 是两个不同奇素数。

1.2　本书主要结论和结构

在本书中我们主要研究了 3-BCI-群的 Sylow 子群的结构及决定一些特殊有限群类是否是 m-BCI-群。自第 1 章引言和第 2 章预备知识之后，第 3 章决定有限 3-BCI-群的 Sylow 子群的所有可能性，我们证明：一个 3-BCI-群 G 的 Sylow 2-子群要么初等交换，要么循环，要么同构于 Q_8；

---

① 徐尚进，靳伟，石琴等．双 Cayley 图的 BCI-性．广西师范大学学报，2006，26（2）：33-36.

Sylow p-子群是齐次循环群，其中 p 是 $|G|$ 的一个奇素因子。

如果 $m \geq 6$ 是一个整数，且 G 是一个 m-BCI-群，则 G 的奇数阶的 Sylow 子群的结构有更好的刻画。假设 p 是整除 $|G|$ 的一个奇素数，且 $2p \leq m$。则：①G 的 Sylow p-子群或者初等交换或者循环。②如果 $m \geq 8$，则 G 的 Sylow3-子群初等交换或者同构于 Z_9。

第 4 章研究循环群的 BCI 性。我们证明如下两个结果：对一个素数 p 和一个整数 n，$2p$ 阶循环群是 3-BCI-群；p^n 阶循环群是 $(p-1)$-BCI-群。

第 5 章我们研究有限非交换单 3-BCI-群。我们先证明交错群 A_4 是一个 3-BCI-群，线性群 $PSL(2, 8)$ 不是一个 3-BCI-群。然后我们证明：一个有限非交换单群 G 是 3-BCI-群，当且仅当 $G = A_5$。

最后，在第 6 章我们决定了所有阶小于 9 的群的 BCI 性：除了二面体群 D_8、循环群 Z_8 和交换群 $Z_4 \times Z_2$ 外，所有的阶小于 9 的群都是 BCI-群。

第 2 章

预备知识

2.1　基本概念

在本节中我们给出一些本书中要用到的概念、符号和基础知识，这些内容涉及有限群、置换群、有限图和 Cayley 图等。

在本书中，所有的群都是有限群。我们所用到的符号和定义都是标准的[1][2][3][4][5]。

设 G 是一个非空有限集合，$*$ 是它的一个二元代数运算。如果 G 满足以下条件：

（1）封闭性。集合内任意两个元素或者两个以上的元素（相同的或者不相同的）的结合（积）都是该集合的一

---

[1]　徐明曜. 有限群导引（第二版）（上，下册），北京：科学出版社，1999.

[2]　Gorenstein-fingroup D. Gorenstein. Finite Groups（second edition），Chelsea Publishing Co.，New York，1980.

[3]　D. J. S. Robinson. A Course in the Theory of Groups（second edition），Springer-Verlag，New York，1982.

[4]　M. Suzuki. Group Theory Ⅰ，Springer-Verlag，New York，1982.

[5]　M. Suzuki. Group Theory Ⅱ，Springer-Verlag，New York，1986.

个元素，即对于 G 中的任意元素 a、b，都有 $a*b$ 和 $b*a$ 都是 G 的元素。

（2）结合律，对 G 中任意元素 a、b、c，都有 $(a*b)*c=a*(b*c)$。

（3）单位元素，集合 G 中存在一个单位元素 1，它和集合 G 中的任何一个元素的积都是该元素本身，即，$1*a=a$ 和 $a*1=a$，对任意的元素 a。

（4）逆元素。对集合 G 中每个元素 a，都有 G 中元素 a^{-1}，使得 $a*a^{-1}=a^{-1}*a=1$。

这样的集合 G 称为一个群。如果 G 中元素个数是有限的，则 G 称为一个有限群。

设 G 是一个有限群。如果 G 的一个子集 H 对群 G 的乘法也构成一个群，则称 H 为 G 的一个子群。

群 G 的子群 H 称为 G 的一个正规子群。如果对所有的 $g \in G$ 都有 $H^g=H$。其中单位子群和 G 本身被称为 G 的平凡正规子群。一个群被称为单群，如果它没有非平凡的正规子群。

一个群 G 被称为一个交换群，如果它满足 $ab=ba$ 对所有的元素 a、b。进一步，G 被称为一个循环群，如果 $G=$

$\langle a \rangle$，即 G 可以由一个元素生成。显然，循环群一定是一个交换群。

设 Ω 是一个有限集合，则 Ω 的一个无序元偶是 Ω 中的两个元素 u、v 满足 $(u, v) = (v, u)$；称 Ω 的所有无序元偶的集合 $\Omega \cdot \Omega = \{\{u, v\} \mid u, v \in \Omega\}$ 为 Ω 和 Ω 的无序积。记 $\Omega_0 = \{\{v, v\} \mid v \in \Omega\}$ 和 $\Omega^{\{2\}} = \Omega \cdot \Omega \setminus \Omega_0 = \{\{u, v\} \mid u, v \in \Omega, u \neq v\}$。

一个有限图 Γ 是一个三元集合，包含一个有限点集合 $V(\Gamma)$，一个边集合 $E(\Gamma)$ 和一个关系，这个关系使得每条边和两个点对应。如果图 Γ 的边都没有方向，即边 $\{u, v\}$ 和边 $\{v, u\}$ 被认为是一样的，则称图 Γ 是无向的。一个无向图 Γ 被称为简单图，如果任意两个不同点之间至多有一条边，且如果 $\{u, v\}$ 是一条边，则 $u \neq v$。在简单图中，边可以看成是无向的相连的点对。图 2-1 是一个无向简单图。

换句话说，一个有限简单无向图 Γ 是指一个顶点数有限且无环无重边的无向图，即顶点集 $V(\Gamma)$ 有限，且 $E(\Gamma) \subseteq V(\Gamma)$[①]。本书中所有涉及的图都是有限简单无向图。

---

① 徐尚进，靳伟，石琴等 . 双 Cayley 图的 BCI-性 . 广西师范大学学报，2006，26（2）：33-36.

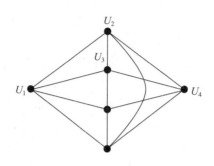

图 2-1   无向简单图

设 $\Gamma = (V, E)$ 是一个简单无向图，则称图 $\overline{\Gamma} = (V, V^{[2]} - E)$ 为 Γ 的补图（complement）。

定义 2.1   设 $\Gamma_1 = (V, E)$ 和 $\Gamma_2 = (V', E')$ 是两个图。设 σ 是 V 到 V' 上的一一映射，并满足对于所有的 $u, v \in V$，$(u, v) \in E \Leftrightarrow (u^{\sigma}, v^{\sigma}) \in E'$，则称 σ 为图 Γ_1 到图 Γ_2 上的同构映射，并称图 Γ_1 与图 Γ_2 同构，记作 $\Gamma_1 \cong \Gamma_2$。

如果 $\Gamma_1 = \Gamma_2$，则称 σ 为 Γ_1 的一个自同构。

设 Γ 是一个无向简单图。对 Γ 的任一个点 $u \in V(\Gamma)$，让 $\Gamma(u)$ 表示 Γ 中与 u 相连的所有点的集合。进一步地，如果集合 $\Gamma(u)$ 中点的个数 $|\Gamma(u)|$ 与点 u 的选取无关，则图 Γ 被称为是正则的，且 $|\Gamma(u)|$ 被称为图 Γ 的度数（我们注意到在有限置换群论里面有正则置换群的概念，但是这里

正则图的定义也是标准的，两者并不产生混淆）。

图 Γ 中的一个点序列 $(v_0,\ v_1,\ \cdots,\ v_s)$ 称为 Γ 的一个途（walk）。如果对任意的 $0\leqslant i\leqslant s-1$，都有 v_i，v_{i+1} 相邻，这个途称为一个路（path）；如果 $v_i\neq v_j$ 对任意的 $0\leqslant i\neq j\leqslant s$。图 Γ 称为连通的；如果对 Γ 中的任意两个点 u、v，都存在从 u 到 v 的一条路。

图 Γ 称为连通的，如果对 Γ 中的任意两个点 u、v，都存在从 u 到 v 的一条路。

对一个连通图 Γ，Γ 的直径为 Γ 中所有点对中距离的最大值，记为 $diam(\Gamma)$。对任意整数 $i\leqslant diam(\Gamma)$，我们用 $\Gamma_i(u)$ 表示 Γ 中到点 u 距离为 i 的点的集合。特别地，$\Gamma_1(u)=\Gamma(u)$。

设 Ω 是一个有限集合。则 Ω 到自身的一个双射称为 Ω 上的一个置换，且 Ω 上的所有置换在映射合成之下生成一个群，称为 Ω 的对称群，记作 $Sym(\Omega)$。其中 $Sym(\Omega)$ 的每个子群称为 Ω 的一个置换群。

本书中关于置换群的定义和符号是标准的，可以参考

下面相关文献①②。

设 G 是一个有限群，Ω 是一个非空集合。假设对每个 $a \in \Omega$ 和每个 $g \in G$，我们定义了一个 Ω 中一个元素 a^g。则，我们定义了群 G 在集合 Ω 上的一个作用，如果下面的条件成立：

（1）$a^1 = a$ 对所有的 $a \in \Omega$，这里 1 是群 G 的单位元；

（2）$(a^g)^h = a^{gh}$ 对所有的 $a \in \Omega$ 和所有的 g，$h \in \Omega$。

换句话说，群 G 在集合 Ω 上的一个作用是一个从 $\Omega \times G$ 到 Ω 的映射 $(a, x) \longmapsto a^x$，满足上面两个条件。其中，集合 Ω 中元素的个数 $|\Omega|$ 称为这个作用的度数。集合 Ω 中的一个元素 a 称为被群 G 中元素 g 稳定，如果 $a^g = a$。群 G 中稳定集合 Ω 中所有元素的元素构成群 G 的一个子群，称为这个作用的核。如果这个作用的核等于 G 中单位元素构成的群，则我们说这个作用是忠实的。

如果对任意的 x，$y \in \Omega$，都存在 $g \in G$ 使得 $x^g = y$，则称群 G 在集合 Ω 上的作用是传递的。如果对任意的 $x \in \Omega$，我们都有 $G_x = 1$，则称 G 在集合 Ω 上的作用是半正则的。进一

---

① J. D. Dixon and B. Mortimer. Permutation Groups，Springer，New York，1996.

② H. Wielandt. Finite Permutation Groups，New York：Academic Press，1964.

步，如果 G 在集合 Ω 上的作用是传递的且半正则的，则称 G 在集合 Ω 上的作用是正则的。

一个图 Γ 的全体自同构的集合在置换乘法之下构成一个群，称为 Γ 的全自同构群，记作 $Aut(\Gamma)$。$Aut(\Gamma)$ 的子群统称为 Γ 的自同构群。设 $v \in V(\Gamma)$，则用 A_v 表示 $A = Aut(\Gamma)$ 在点 v 的稳定子群，即 $A_v = \{\alpha \mid \alpha \in Aut(\Gamma),\ v^\alpha = v\}$。如果 Γ 是二部图，且 $V(\Gamma) = U \cup W$，其中 U、W 是两个二部划分，定义 A 的子群 $A^+ = \{\alpha \mid \alpha \in Aut(\Gamma),\ U^\alpha = U,\ V^\alpha = V\}$。

若用 $R(G)$ 来表示群 G 的右正则，即 $R(G) = \{R(g) \mid g \in G\}$，其中 $R(g): x \mapsto xg$，$x \in G$，则有 $R(G) \leqslant A$，且 $A = R(G)A_1$。

设 G 是有限群，$\varnothing \neq S \subseteq G \setminus \{1\}$，则 G 关于 S 的 Cayley 图 $Cay(G,\ S)$ 有下列简单事实[①]:

（1）$Cay(G,\ S)$ 是点传递图。

（2）$Cay(G,\ S)$ 为无向图，当且仅当 $S = S^{-1} = \{s^{-1} \mid s \in S\}$。

（3）$Cay(G,\ S)$ 连通，当且仅当 $\langle S \rangle = G$。

Cayley 图同构问题的研究也称为 Cayley 图 CI 性的研究。下面我们给出 CI-子集和 CI-图的正式定义。

---

① 徐明曜. 有限群导引（第二版）（上，下册）. 北京：科学出版社，1999.

定义 2.2

(1) 设 G 为一个有限群，S 是 G 的一个不含单位元素的子集，称 S 是 G 的一个 CI-子集(并称 $Cay(G, S)$ 是 G 的 CI-图)，如果对 G 的任意子集 T，有 $Cay(G, S) \cong Cay(G, T)$，则存在 $\alpha \in Aut(G)$ 使得 $S^{\alpha} = T$。

(2) 称 G 为 DCI-群，如果 G 的每个不包含单位元素的子集都是 CI-子集。

(3) 称 G 为 CI-群，如果 G 的每个满足 $S = S^{-1}$ 的不包含单位元素的子集 S 都是 CI-子集。

(4) 设 m 是正整数，群 G 称为 m-DCI-群(或 m-CI-群)，如果 G 的任一势 $\leqslant m$ 的子集 S(或任一满足 $S = S^{-1}$ 的势 $\leqslant m$ 的子集)都是 CI-子集。

(5) 设 m 是正整数，群 G 称为弱 m-DCI-群(或弱 m-CI-群)，如果 G 的任一势 $\leqslant m$ 的生成子集 S(或任一满足 $S = S^{-1}$ 的势 $\leqslant m$ 的生成子集)都是 CI-子集。

围绕 Cayley 图 CI 性问题，自 1970 年 Elspas 和 Turner 否定了 Adam 提出的 "每个有限循环群都是 DCI-群" 这个猜想后，几十年来一直是群与图研究的热点。虽然这方面工作取得了很丰富的研究成果，但也遇到了相当大的困难。

事实上,(D)CI-群,甚至 m-DCI-群和弱 m-DCI-群都是非常稀少的①②。

下面我们给出双 Cayley 图的正式定义。

定义 2.3 设 G 是一个有限群,任取 G 的一个子集 S(可以含单位元),则 G 的一个关于 S 的双 Cayley 图 Γ:= $BCay(G, S)$ 定义为

$$V(\Gamma) = G \times \{0, 1\}, \quad E(\Gamma) = \{\{(g, 0), (sg, 1)\} \mid g \in G, s \in S\}。$$

我们可以明显看出双 Cayley 图是一个二部图。双 Cayley 图的同构问题主要研究同一个群上双 Cayley 图的同构问题和不同群上的双 Cayley 图的同构问题,本书主要研究同一个群上双 Cayley 图的同构问题。为叙述简洁起见,特引入下列概念。

设 Γ:= $BCay(G, S)$,且 $V(\Gamma) = U(\Gamma) \cup W(\Gamma)$,其中 $U(\Gamma)$ 和 $W(\Gamma)$ 是 Γ 点集的二部划分。任取 $g \in G$,定义 $V(\Gamma)$ 到自身的一个映射 $R(g)$:$(x, y) \mapsto (xg, y)$,$y \in \{0,$

---

① C. H. Li. On isomorphisms of finite Cayley graphs—A survey, Discrete Math, 2002(256):301-334.

② C. E. Praeger. Finite transitive permutation groups and finite vertex-transitive graphs, in Graph Symmetry:Algebraic Methods and Applications, NATO ASI Ser. C497, 1997:277-318.

$1\}$。让 $R(G):=\{R(g)g\in G\}$。则 $R(G)\leqslant Aut(\Gamma)$，并且 $R(G)$ 分别作用在 $U(\Gamma)$，$W(\Gamma)$ 上正则。

给定一个图 Γ，Γ 的标准双覆盖 $\Gamma^{(2)}$ 是以 $V(\Gamma)\times\{0,1\}$ 为点集和以 $\{\{(x,0),(y,1)\}\mid(x,y)\in Arc(\Gamma)\}$ 为边集的二部图。所以从定义我们知道双 Cayley 图 $Bcay(G,S)$ 是 Cayley 图 $Cay(G,S)$ 的标准双覆盖。

为了以后证明中引用方便，我们给出两个子集"等价"和"共轭"的正式定义。

定义 2.4 若 G 的子集 S 和 T 满足 $BCay(G,S)\cong BCay(G,T)$，则称 S 与 T 等价，记 $S\sim T$。

设 G 是一个有限群，S 是 G 的子集，g、h 是 G 中任意两个元素，则

（1）$S\sim S^\alpha(\alpha\in Aut(G))$。

（2）$S\sim gSh(g,h\in G)$。

定义 2.5 上述两种同构映射及其合成统称双 Cayley 图的平凡同构，并且，如果 $BCay(G,S)$ 与 $BCay(G,T)$ 平凡同构，则称 S 与 T 共轭，记 $S\approx T$。

显然，由定义 2.5 知道群 G 的任意子集 S 必与一个含单位元的子集共轭。

类似于群的 CI-子集和 CI-图的定义，我们定义群的 BCI-子集和 BCI-图。

定义 2.6 设 G 是一个有限群，S 是 G 的非空子集。

（1）若 S 所在的等价类与共轭类一致，则称 S 为 G 的 BCI-子集，并称双 Cayley 图 $BCay(G, S)$ 为 G 的 BCI-图。

（2）如果 G 的每个双 Cayley 都是 BCI-图，则称 G 为 BCI-群。

（3）如果 G 的每个度数不超过某正整数 m 的双 Cayley 图都是 BCI-图，则称 G 为 m-BCI-群。

（4）如果 G 的每个度数不超过某正整数 m 的连通点传递双 Cayley 图都是 BCI-图，则称 G 为弱 m-BCI-群。

设 G 是一个有限群，H 是 G 的一个子群。如果对任意 $\alpha \in Aut(G)$ 有 $H^{\alpha} = H$，则 H 称为 G 的一个特征子群。显然，特征子群一定是一个正规子群。

显然，特征子群一定是一个正规子群。

群 G 的一个子群 H 是 G 的一个 Sylow 子群，如果 $|H| = p^{i}$ 对某个素数 p，$p^{i} \mid |G|$ 且 $\left(|H|, \dfrac{|G|}{|H|}\right) = 1$。这个子群经常被称为 G 的一个 Sylow$p$-子群。

下面列出著名的 Sylow 定理。

定理 2.1 设 G 是一个有限群，p 是整除 $|G|$ 的一个素数。则 G 一定有一个 Sylow p-子群；G 的任意两个 Sylow p-子群在 G 中都共轭；G 的任意一个 p-子群都包含在 G 的某个 Sylow p-子群里面。

设群 G 作用在集合 Ω 上。则对 G 的每个元素 g，存在一个从 Ω 到 Ω 的映射 $\bar{g}$，$a \mapsto a^g$。因为 $\overline{g^{-1}}$ 是 $\bar{g}$ 的逆，所以映射 $\bar{g}$ 是一个双射。因此我们有一个映射 $\rho: G \mapsto Sym(\Omega)$，$\rho(g) = \bar{g}$。由上面的条件(1)和条件(2)，很容易证明 ρ 是一个群同态。一般地，任意一个从 G 到 $Sym(\Omega)$ 的群同态被称为 G 在 Ω 上的一个置换表示。设 $\rho: G \mapsto Sym(\Omega)$ 是 G 在 Ω 上的一个置换表示。定义 G 在 Ω 上的一个作用：$a^g = a^{\rho(g)}$ 对所有的 $a \in \Omega$ 和 $g \in G$。则 ρ 是对应于这个作用的置换表示。所以我们可以认为群作用和置换表示代表同一个事情。

下面列举一些本书中经常用到的置换表示。

定义 2.7 设 G 是一个有限群且 $\Omega = G$。对每个 $g \in G$ 定义两个 G 到 G 的映射：

$$R(g): x \mapsto xg, \quad \forall x \in G$$

$$L(g): x \mapsto g^{-1}x, \quad \forall x \in G$$

则 $R(g)$ 被称为由 g 诱导出的右乘，$L(g)$ 被称为由 g 诱

导出的左乘。进一步地，$R(G)$ 和 $L(G)$ 是 $Sym(G)$ 的子群，且同构于 G。映射 $\rho_1: g \mapsto R(g)$ 和 $\rho_2: g \mapsto L(g)$ 给出 G 的两个置换表示，称为右置换表示和左置换表示。

定义 2.8 设 G 是一个有限群，$H \leqslant G$。令 $\Omega = [G: H]$ 是 H 在 G 中的右陪集集合。令 $g \in G$，定义

$$g': Hx \mapsto Hxg, \quad \forall Hx \in \Omega$$

则 g' 定义了一个 G 在 Ω 上的作用，被称为由 g 诱导的陪集作用。这个作用的核是 $\bigcap_{g \in G} g^{-1}Hg$，用 $Core_G(H)$ 表示。

有限群 G 的两个元素 a 和 b 被称为 fused，如果 $a = b^\sigma$ 对某个 $\sigma \in Aut(G)$；称为 inverse-fused；如果 $a = (b^{-1})^\sigma$ 对某个 $\sigma \in Aut(G)$。一个有限群 G 被叫作 FIF-群；如果任意的两个同阶的元素或者 fused 或者 inverse-fused。C. H. Li 和 C. E. Praeger 研究了 FIF-群并得到了很多的结果①②。

① C. H. Li and C. E. Praeger. Finite groups in which any two elements of the same order are either fused or inverse-fused, Comm. Algebra, 1997, 25 (11): 3081-3118.

② C. H. Li and C. E. Praeger. The finite simple groups with at most two fusion classes of every order, Comm. Algebra, 1996 (24): 3681-3704.

2.2　主要性质及引理

　　下面引理说明如果两个子集 S 和 T 共轭，则它们生成的双 Cayley 图同时都是 BCI-图，或者同时都不是 BCI-图。

　　引理 2.1　设 G 是一个有限群，S，$T \subseteq G$。假设 S 和 T 共轭。则 $BCay(G, S)$ 是一个 BCI - 图，当且仅当 $BCay(G, T)$ 是一个 BCI - 图。

　　证明：假设 S 和 T 共轭。则由定义 $S = gT^{\alpha}$ 对某个 $g \in G$，$\alpha \in Aut(G)$。所以 $BCay(G, S) \cong BCay(G, T)$。首先，假设 $BCay(G, S)$ 是一个 BCI-图。假定 T' 是 G 的一个子集，使得 $BCay(G, T) \cong BCay(G, T')$。则 $BCay(G, S) \cong BCay(G, T')$。因为 $BCay(G, S)$ 是一个 BCI-图，存在 $h \in G$，$\beta \in Aut(G)$ 使得 $S = hT'^{\beta}$。所以 $T = (g^{-1}S)^{\alpha^{-1}} = (g^{-1}(hT'^{\beta}))^{\alpha^{-1}} = (g^{-1}h)^{\alpha^{-1}}T'^{\beta\alpha^{-1}}$。因此 $BCay(G, T)$ 也是一个 BCI-图。

　　反之，设 $BCay(G, T)$ 是一个 BCI-图。因为 S 和 T 共轭，当且仅当 T 和 S 共轭，用相同的讨论，我们可以证明 $BCay(G, S)$ 是一个 BCI-图。□

下面这个著名结论给出一个图 Γ 同构于一个 Cayley 图的充分必要条件：

引理 2.2 设 G 为一个有限群，图 Γ 同构于群 G 的 Cayley 图，当且仅当 $Aut(\Gamma)$ 包含一个同构于 G 的正则子群。[①]

引理 2.3 被称为 Babai–引理，它是判断一个 Cayley 图是否是 CI–图的非常重要的工具。

引理 2.4 设 G 是有限群，S 是群 G 的一个不含单位元的子集。设 $\Gamma := Cay(G, S)$，记 $A = Aut(\Gamma)$。则图 Γ 是 CI–图，当且仅当对任意满足 $\sigma R(G)\sigma^{-1} \leqslant A$ 的 $\sigma \in Sym(G)$，存在 $a \in A$ 使得 $aR(G)a^{-1} = \sigma R(G)\sigma^{-1}$。[②]

下面的引理给出双 Cayley 图中互换两个二部划分的一些重要映射。

引理 2.5 设 G 为一个有限群，$S \subseteq G$，$\Gamma := BCay(G, S)$。在 $V(\Gamma)$ 上定义如下的置换：[③]

---

① N. Biggs. Algebraic Graph Theory second edition, Cambridge University Press, Cambridge, 1993.

② L. Babai. Isomorphism problem for a class of point-symmetric structure, Acta Math. Acad. Sci. Hungar, 1977 (29): 329-336.

③ Z. P. Lu. On the automorphism groups of Bi-Cayley graphs, 北京大学学报（自然科学版），2003, 39 (1): 1-5.

τ：$(x,\ y) \longmapsto (x,\ 1-y)$；

ϵ：$(x,\ y) \longmapsto (x^{-1},\ 1-y)$。

其中 $(x,\ y) \in V(\Gamma)(y=0,\ 1)$，则

（1）τ 是 Γ 的自同构，当且仅当 $S^{-1}=S$。

（2）ϵ 是 Γ 的自同构，当且仅当 $N_G(S)=G$。

因此有如下结论。

引理 2.6 设 G 为一个有限群，$S \subseteq G$，如果 S 满足下列条件之一，那么双 Cayley 图 $BCay(G,\ S)$ 是点传递的。[①]

（1）S 是 G 的若干共轭类的并。

（2）$S=S^{-1}$。

下面引理给出双 Cayley 图连通的充分必要条件。

引理 2.7 设 G 为一个有限群，$S \subset G$。则 $BCay(G,\ S)$ 是连通的，当且仅当 $G=\langle SS^{-1} \rangle$；如果 $1 \in S$，$BCay(G,\ S)$ 是连通的，当且仅当 $G=\langle S \rangle$。[②]

———————————

① Z. P. Lu. On the automorphism groups of Bi-Cayley graphs，北京大学学报（自然科学版），2003，39（1）：1-5.

② 路在平. 双 Cayley 图和三度半对称图. 北京大学博士学位论文，2003.

2.3　双 Cayley 图的 BCI 性

由 2.1 节对双 Cayley 图 BCI 性的定义可知，如果群 G 是 BCI-群，则 G 的双 Cayley 图的同构问题可转化为 G 中非空子集在 $Aut(G)$ 或 $R(G)$ 作用下的共轭问题，这完全是一个群论问题。

双 Cayley 图可能不同构于任何 Cayley 图，比如双 Cayley 图不一定点传递[①]。双 Cayley 图也可能同构于某个 Cayley 图，如下面两个引理。

引理 2.8　设 G 为一个有限群，$S \subseteq G$，$\Gamma = BCay(G, S)$。如果 $S = S^{-1}$，则 Γ 同构于一个 Cayley 图。[②]

引理 2.9　设 G 为有限交换群，$S \subseteq G$，则 $BCay(G, S)$ 同构于一个 Cayley 图。[③]

然而即使双 Cayley 图同构于一个 Cayley 图，它的 BCI 性也不一定与所同构的 Cayley 图的 CI 性相同（参见[例2-1]）。并

① Z. P. Lu, C. Q. Wang and M. Y. Xu. Semisymmetric cubic graphs constructed from bi-Cayley graphs of An, Ars Combin, 2006（80）：177-187.

②③ 徐尚进，靳伟，石琴等. 双 Cayley 图的 BCI-性. 广西师范大学学报，2006，26（2）：33-36.

且，不是所有有限群都是 BCI-群（参见例 [2-2]）。

[例 2-1] 设 $G=\langle a\rangle\cong Z_6$，$S=\{1,\ a,\ a^2\}$，令 $\overline{G}=D_{12}=\langle a,\ b\mid a^6=b^2=1,\ b^{-1}ab=a^{-1}\rangle$，$T=bS=\{b,\ ba,\ ba^2\}$。则双 Cayley 图 $\Gamma:=BCay(G,\ S)$ 与 Cayley 图 $Y:=Cay(\overline{G},\ T)$ 同构，并且 S 是 G 的 BCI-子集，但 T 却不是 $\overline{G}$ 的 CI-子集。

设 $q<p$ 是两个素数。所谓 qp 阶亚循群 G，是指 $G=\langle a,\ ba^q=b^p=1,\ a^{-1}ba=b^r\rangle r>1,\ r^q\equiv 1(\bmod p)$。

[例 2-2] 设 p、q 是素数，且 $3<q<p$。则 qp 阶亚循环群 G 是非 2-BCI-群。[①]

因此，研究双 Cayley 图的 BCI 性将具有与研究 Cayley 图 CI 性同样的意义。这也是我们研究双 Cayley 图 BCI 性的一个动机。本书主要研究某些特殊有限群的双 Cayley 图的 BCI 性，并得到一些结果。

引理 2.10 设 G 是一个有限群，$S,\ T\subseteq G$。若 S 与 T 共轭，则 T 可以由 S 经过一次群同构，再左乘一个 G 中元素得到，即存在 $g\in G$，$\alpha\in Aut(G)$ 使得 $T=gS^{\alpha}$。

证明： 设存在 $BCay(G,\ S)$ 和 $BCay(G,\ T)$ 之间的平凡同构。因为对任意的两个元素 $g_1,\ g_2\in G$，我们有 $g_1Sg_2=$

---

① 靳伟. 双 Cayley 图的若干性质. 广西大学硕士学位论文，2007.

$g_1g_2S^{g_2}$，所以 T 可以由 S 经过若干次左乘和 $Aug(G)$ 的共轭作用而得到。又因为 $(g_1S^{\alpha_1})^{\alpha_2}=g_1^{\alpha_2}S^{\alpha_1\alpha_2}$，所以存在 $g \in G$，$\alpha \in Aut(G)$ 使得 $T=gS^\alpha$。□

引理 2.11

（1）任意群 G 是 1-BCI-群。

（2）有限群 G 是 2-BCI-群，当且仅当对 G 中任意一对同阶元 s 与 t，$Aut(G)$ 在 s 与 t 或 t^{-1} 之间传递。[①]

一个有限群称为 T-群，如果其自同构群在同阶元的集合上传递。由引理 2.11，显然有每个有限 T-群都是 2-BCI-群。

下面的定理给出一个类似于 Cayley 图的 Babai-引理，判定一个子集是否是 BCI-子集的方法.

定理 2.2 设 G 为有限群，$S \subseteq G$，$\Gamma = BCay(G, S)$，$U = G \times \{0\}$，$W = G \times \{1\}$，$A = Aut(\Gamma)$，$A^+ = \{\alpha \in A \mid U^\alpha = U, W^\alpha = W\}$。若 Γ 是连通的点传递图，并且对任意 $\sigma \in S_{V(\Gamma)}$（$S_{V(\Gamma)}$ 表示 $V(\Gamma)$ 上的置换群），由 $\sigma R(G)\sigma^{-1} \leqslant A^+$，必存在 $a \in A^+$ 使 $aR(G)a^{-1}=\sigma R(G)\sigma^{-1}$，则 S 是 G 的 BCI-子集。[②]

定理 2.3 每个有限 p-群都是弱 $(p-1)$-BCI-群。研究

①② 徐尚进，靳伟，石琴等. 双 Cayley 图的 BCI-性. 广西师范大学学报，2006，26（2）：33-36.

有限双Cayley图的同构问题
The Isomorphism Problems of Finite bi-Cayley Graphs

双 Cayley 图的 BCI 性，也可以利用 Cayley 图 CI 性的结论。[①]

引理 2.12 设 G 是有限交换群，$S \subseteq G$，$\Gamma = BCay(G, S)$。设 $\epsilon: (x, y) \mapsto (x^{-1}, 1-y)$。如果 $R(G)$ 是 $A = R(G) \rtimes \langle \epsilon \rangle \leqslant Aut(\Gamma)$ 的特征子群，并且 $\epsilon R(S)$ 是 A 的 CI-子集，则 S 是 G 的 BCI-子集。

引理 2.13

（1）p 阶循环群是 BCI-群（p 为素数）。

（2）pq 阶循环群（p, q 为互异奇素数）是 3-BCI-群[②]。

定理 2.4 设 G 是一个有限群，S 是 G 的一个子集，且 $G = \langle SS^{-1} \rangle$。记 $\Gamma = BCay(G, S)$，$A = Aut(\Gamma)$。若 Γ 点传递，且 $A_{(1,0)}$ 在 $(S, 1)$ 上的每个轨道长都小于 $|G|$ 的最小素因子，则 S 是 BCI-子集。[③]

一个阶为 $2n$ 的二面体群是满足下面生成关系的一个群：$G = \langle a, b \mid a^n = b^2 = 1, bab = a^{-1} \rangle$。

定理 2.5 二面体群 D_{2p}（p 是素数）是 3-BCI-群。[④]

---

①②③④ 徐尚进，靳伟，石琴等. 双 Cayley 图的 BCI-性. 广西师范大学学报，2006，26（2）：33-36.

第 3 章

3-BCI-群的 Sylow 子群

我们知道在有限群论中，对 Sylow 子群的研究对了解群的结构起着非常重大的帮助。所以本章中我们将决定 3-BCI-群的 Sylow 子群的结构。

3.1 预备知识

下面首先给出几个在本章讨论中要用到的概念。

设 π 是一个素数集合，G 是一个有限群。我们用 $|G|_\pi$ 来表示整除 $|G|$，且素因子全是在 π 中的最大正整数。称群 G 的子群 H 为 G 的一个 π-Hall 子群，如果 $|H| = |G|_\pi$。而称 H 为 G 的 Hall 子群，如果存在某个素数集合 π 使得 H 为 G 的一个 π-Hall 子群。

设 G 是一个有限群，a, $b \in G$。定义 $[a, b] = a^{-1}b^{-1}ab$，称为 G 的换位子。再令 $G' = \langle [a, b] \mid a, b \in G \rangle$，称为 G 的换位子群。我们归纳的定义 G 的 n-阶换位子群 $G^{(0)} = G$，$G^{(n)} = (G^{(n-1)})'$，$n \geqslant 1$。称群 G 为可解群，如果存在正整数

n 使得 $G^{(n)} = 1$。

设 G 是一个有限群。若 $G \neq 1$，令 $\Phi(G)$ 为 G 的所有极大子群的交，而若 $G = 1$，令 $\Phi(G) = 1$。我们称 $\Phi(G)$ 为 G 的 Frattini 子群。

一个有限群被称为齐次循环群，如果它是同阶循环群的直积。

我们说一个群 G 是不可分解的，如果 $G = H \times K$，则 $H = 1$ 或者 $K = 1$。进一步，我们称 G 是互素不可分解的，如果 $G = H \times K$，且 $(|H|, |K|) = 1$，则 $H = 1$ 或者 $K = 1$。

我们用 $\Phi(G)$ 表示 G 的 Frattini 子群。

让 $k \geq 2$ 是一个整数。定义 $\mathcal{G}(k)$ 是非交换 2-群 G 的集合满足：

（1）$Z(G) = G' = \Phi(G) = Z_2^k$，且 $Z(G) \setminus \{1\}$ 由 G 的所有对合组成。

（2）G/G' 的阶为 2^k 或者 2^{2k}。

我们用 $G(k)$ 来表示 $\mathcal{G}(k)$ 中的一个群。

回顾以下概念：有限群 G 的两个元素 a 和 b 被称为 fused，如果 $a = b^{\sigma}$ 对某个 $\sigma \in Aut(G)$；称为 inverse-fused，如果存在 $\sigma \in Aut(G)$ 使得 $a = (b^{-1})^{\sigma}$。群 G 称为一个 FIF-群，

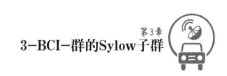

如果其中任意两个同阶元素，要么 fused，要么 inverse-fused。

下面的引理给出 FIF-群结构的一些重要性质。

定理 3.1 让 G 是一个有限 FIF-群。则 $G=M_1 \times M_2 \times \cdots \times M_d$，$(|M_i|, |M_j|)=1$，$M_i$ 是互素不可分解的，且下列之一成立：

(1) $M_i = M \rtimes Z_n$，这里 $(|M|, n)=1$，M 幂零，且 M 的每个 Sylow 子群或者是齐次循环群，或者同构于 Q_8，或者同构于 $G(k)$，$k \geqslant 2$。

(2) $M_i = (L \times M) \rtimes (H \rtimes K \times Z_n)$，这里 $|L|$、$|M|$、$|H|$、$|K|$、n 每两个都互素，并且：

(a) M 的每个 Sylow 子群是奇数阶齐次循环群。

(b) $L \times M$ 幂零，且是 M_i 的最大的幂零正规 Hall 子群，$\langle M, H \rangle = M \times H$，$\langle L, Z_n \rangle = L \times Z_n$。

(c) $H \rtimes K$ 不可分解且不循环，H 和 K 都不与 L 的任何 Sylow 子群交换，且 $(L, H \rtimes K)$ 满足表 3-1 中的某一行。

(3) $M_i = PSL_2(q)$ 或者 $SL_2(q)$ 对 $q=5$、7、8、9，或者 $PSL_3(4)$、$Sz(8)$、M_{11}、M_{23}。

(4) $M_i = (C \times SZ(8)) \rtimes Z_{3^s m}$，这里 $s \geqslant 1$，且 $|C|$、$|SZ(8)|$、3、m 每两个都互素，$M_i / C_{M_i}(Sz(8)) \cong Sz(8) \rtimes Z_3$，

C 是交换群且所有的 Sylow 子群都是齐次循环的。

表 3-1　定理 3.1（2）（c）

L	$H:K$	条件
$Z_{2^u}^3$, $G(3)$, $Z_{2^u}^6$, $G(6)$	$Z_7^t : Z_{3^s}$	$u, t, s \geq 1$
$Z_{5^{u_1}7^{u_2}11^{u_3}}^2$	$Z_{3^t} : Z_{2^r}$	$r, t \geq 1, u_1+u_2+u_3 \geq 1$
$Z_{3^{u_1}}^4 \times Z_{19^{u_2}}^2$	$Z_{5^t} : Z_{2^r}$	$r, t \geq 1, u_1+u_2 \geq 1$
$Z_{7^{u_1}11^{u_2}19^{u_3}}^2$	$Z_{3^{t_1}5^{t_2}} : Z_{2^r}$	$r, t_1, t_2, u_3 \geq 1, u_1+u_2 \geq 1$, $[Z_{19^{u_3}}, Z_{3^{t_1}}]=1$, $[Z_{7^{u_1}11^{u_2}}^2, Z_{5^{t_1}}]=1$
$Z_{3^{u_1}}^6 \times Z_{19^{u_2}}^2$	$Z_{7^{t_1}11 5^{t_2}}^2 : Z_{2^r}$	$r, t_1, u_1+u_2 \geq 1, t_2=0 \Leftrightarrow u_2=0$, $[Z_{3^{u_1}}^6, Z_{5^{t_2}}]=1$, $[Z_{19^{u_2}}^2, Z_{7^{t_1}}]=1$
$Z_{5^{u_1}11^{u_2}}^2$	$Z_{3^{t_1}17^{t_2}}^2 : Z_{2^r}$	$u_1, t_1, t_2, r \geq 1, u_2 \geq 0$, $[Z_{11^{u_2}}^2, Z_{7^{t_2}}]=1$
Z_q^2	$Q_8 : Z_{3^s}$	q 的每个素因子是下面之一：$\{3, 5, 7, 11, 23\}$，$q \neq 1$，且如果 $3 \mid q$，则 $M=1$，$s=0$，$n=1$

3.2　3-BCI-群的 Sylow 子群

本节主要研究 3-BCI-群 G 的 Sylow p-子群的结构，其中 p 是一个素数且 p 整除 $|G|$。我们对 p 是奇素数和偶素数分

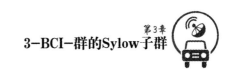

别用不同的方法讨论。如果 p 是一个奇素数，则我们可以通过讨论引理3.1中的群进而得出 Sylow p-子群是齐次循环群。如果 $p=2$，则我们用另外的讨论可以得出更精确的刻画。

设 G 是一个有限群，S、T 是 G 的两个包含单位元的子集。则 $S\setminus\{1\}$ 和 $T\setminus\{1\}$ 构造的 Cayley 图与 S 和 T 构造的双 Cayley 图之间有很紧密的联系。

引理3.1 设 G 是一个有限群，S、T 是 G 的两个包含单位元的子集。如果 $Cay(G, S\setminus\{1\})\cong Cay(G, T\setminus\{1\})$，则 $BCay(G, S)\cong BCay(G, T)$。

证明： 假定 $Cay(G, S\setminus\{1\})\cong Cay(G, T\setminus\{1\})$，且 φ 是从 $Cay(G, S\setminus\{1\})$ 到 $Cay(G, T\setminus\{1\})$ 的一个图同构，使得

$$\varphi: G\mapsto G$$

$$(g, sg)^\varphi=(g_1, tg_1), \quad g, g_1\in G, s\in S\setminus\{1\}, t\in T\setminus\{1\}。$$

定义：

$$\psi: (G, i)\mapsto(G, i), \quad i=0, 1$$

$$(g, i)\mapsto(g^\varphi, i)。$$

显然 ψ 是从 $G\times\{0, 1\}$ 到 $G\times\{0, 1\}$ 的双射。对 $BCay(G, S)$ 的任一条边 $\{(g, 0), (sg, 1)\}$，我们有 $\{(g,$

有限双Cayley图的同构问题
The Isomorphism Problems of Finite bi-Cayley Graphs

0)，$(sg, 1)\}^{\psi}=\{(g^{\varphi}, 0), ((sg)^{\varphi}, 1)\}$。如果 $s=1$，则
$\{(g, 0), (g, 1)\}^{\psi}=\{(g^{\varphi}, 0), (g^{\varphi}, 1)\}$，所以 $\{(g, 0), (g, 1)\}$ 是 $BCay(G, S)$ 的一条边，当且仅当 $\{(g, 0), (g, 1)\}^{\psi}$ 是 $BCay(G, T)$ 的一条边。如果 $s\in S\setminus\{1\}$，因为 φ 是从 $Cay(G, S\setminus\{1\})$ 到 $Cay(G, T\setminus\{1\})$ 的一个图同构，所以 (g, sg) 是 $Cay(G, S\setminus\{1\})$ 的一条边，当且仅当 $(g, sg)^{\varphi}$ 是 $Cay(G, T\setminus\{1\})$ 的一条边。设 $(g, sg)^{\varphi}=(g_1, tg_1)$，这里 $g_1\in G$ 和 $t\in T\setminus\{1\}$。因此，$\{(g, 0), (sg, 1)\}^{\psi}=\{(g^{\varphi}, 0), ((sg)^{\varphi}, 1)\}=\{(g_1, 0), (tg_1, 1)\}$，即 $\{(g, 0), (sg, 1)\}$ 是 $BCay(G, S)$ 的一条边，当且仅当 $\{(g, 0), (sg, 1)\}^{\psi}$ 是 $BCay(G, T)$ 的一条边。因此，ψ 是从 $BCay(G, S)$ 到 $BCay(G, T)$ 的同构。□

下面引理证明两个双 Cayley 图同构，当且仅当它们的补图互相同构。

引理 3.2 设 G 是一个有限群，S、T 是 G 的两个子集。则 $BCay(G, S)\cong BCay(G, T)$，当且仅当 $BCay(G, G\setminus S)\cong BCay(G, G\setminus T)$。

证明：假设 $BCay(G, S)\cong BCay(G, T)$，且 ϕ 是从 $BCay(G, S)$ 到 $BCay(G, T)$ 的一个图同构。

首先，假定 $(G, 0)^\phi = (G, 0)$ 和 $(G, 1)^\phi = (G, 1)$。设 $(g, 0)$ 和 $(g', 1)$ 是 $BCay(G, S)$ 的两个点，且 $(g, 0)^\phi = (h, 0)$ 和 $(g', 1)^\phi = (h', 1)$。设 $g' = s'g$ 和 $h' = t'h$，s'，$t' \in G$。则 $(g, 0)$ 和 $(g', 1)$ 在 $BCay(G, S)$ 中不相连，当且仅当 $(h, 0)$ 和 $(h', 1)$ 在 $BCay(G, T)$ 中不相连，所以 $s' \in G \setminus S$，当且仅当 $t' \in G \setminus T$。因此 $BCay(G, G \setminus S) \cong BCay(G, G \setminus T)$。

其次，假定 $(G, 0)^\phi = (G, 1)$ 和 $(G, 1)^\phi = (G, 0)$。设 $(g, 0)$ 和 $(g', 1)$ 是 $BCay(G, S)$ 的两个点，且 $(g, 0)^\phi = (h, 1)$ 和 $(g', 1)^\phi = (h', 0)$。设 $g' = s'g$ 和 $h = t'h'$，s'，$t' \in G$。则 $(g, 0)$ 和 $(g', 1)$ 在 $BCay(G, S)$ 中不相连，当且仅当 $(h, 1)$ 和 $(h', 0)$ 在 $BCay(G, T)$ 中不相连，所以 $s' \in G \setminus S$，当且仅当 $t' \in G \setminus T$。因此 $BCay(G, G \setminus S) \cong BCay(G, G \setminus T)$。

最后，因为 $S = G \setminus (G \setminus S)$，$T = G \setminus (G \setminus T)$，所以如果 $BCay(G, G \setminus S) \cong BCay(G, G \setminus T)$，则 $BCay(G, S) \cong BCay(G, T)$。因此，$BCay(G, S) \cong BCay(G, T)$，当且仅当 $BCay(G, G \setminus S) \cong BCay(G, G \setminus T)$。□

我们研究一个 3-BCI-群的 Sylow 2-子群，证明它初等交换或者循环或者是 Q_8。

一个对合是群 G 中一个阶为 2 的元素；G 的指数(expo-

nent)是群 G 中所有元素阶的最小公倍数。

引理3.3 设 G 是一个有限 3-BCI-群。则 G 的一个 Sylow 2-子群初等交换或者循环或者是 Q_8。

证明： 设 G 是一个有限 3-BCI-群，P 是它的一个 Sylow 2-子群。如果 $|G|$ 是奇数则结果成立。所以我们假设 $|G|$ 是偶数。如果 P 仅有一个对合，则由 Sylow 定理知道 G 的所有对合都共轭。P 是循环群或者是广义四元数群。[①]

设 P 是广义四元数群，即 $P = \langle x, y \mid x^{2^n} = 1, y^2 = x^{2^{n-1}}, y^{-1}xy = x^{-1} \rangle$，这里 $n \geqslant 2$。假设 $n \geqslant 3$。则 P 包含元素 a、b、c 使得 $\langle a, b \rangle \cong Q_8$ 和 $\langle c \rangle \cong Z_8$。让 $S = \{1, c, c^3\}$ 和 $T = \{1, a, b\}$。则 $Cay(\langle S \rangle, S \setminus \{1\}) \cong Cay(\langle T \rangle, T \setminus \{1\})$，所以 $Cay(G, S \setminus \{1\}) \cong \dfrac{|G|}{|\langle S \rangle|} Cay(\langle S \rangle, S \setminus \{1\}) \cong \dfrac{|G|}{|\langle T \rangle|} Cay(\langle T \rangle, T \setminus \{1\}) \cong Cay(G, T \setminus \{1\})$。由引理 3.2，我们有 $BCay(G, S) \cong BCay(G, T)$。因为 G 是一个 3-BCI-群，所以存在 $g \in G$，$\alpha \in Aut(G)$ 使得 $T = gS^\alpha$。又因为 $g \in T \subseteq \langle T \rangle$，$gc^\alpha \in \langle T \rangle$，我们有 $c^\alpha \in \langle T \rangle$，矛盾。所以，$n = 2$，且 P 等于 Q_8。

① M. Suzuki. Group Theory Ⅱ, Springer-Verlag. New York, 1986.

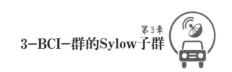

现在假设 P 有至少两个对合。让 $b \in Z(P)$ 且 $o(b) = 2$。对 $c \in G$，$o(c) = 2$，则有 $bc = cb$。定义集合 $T := \{1, b, c\}$。如果 G 有一个元素 a 的阶是 4，我们定义集合 $S := \{1, a, a^{-1}\}$，则 $Cay(\langle S \rangle, S \setminus \{1\}) \cong C_4 \cong Cay(\langle T \rangle, T \setminus \{1\})$。由引理 3.2，$BCay(\langle S \rangle, S) \cong BCay(\langle T \rangle, T)$. 再由引理 4.1，$BCay(G, S) \cong BCay(G, T)$。因为 G 是一个 3−BCI−群，所以存在 $g \in G$，$\alpha \in Aut(G)$ 使得 $T = gS^\alpha = \{g, ga^\alpha, ga^{-\alpha}\}$。如果 $g = 1$，则 $a^\alpha = b$ 或 $a^\alpha = c$，矛盾；如果 $g \neq 1$，则 $g = b$ 或 c，所以 $ga^\alpha = 1$ 或 $ga^{-\alpha} = 1$，也是矛盾。所以 P 的指数是 2，即 P 是初等交换的。□

现在设 G 是一个 3−BCI 群，p 是 $|G|$ 的一个奇素因子，我们决定 G 的 Sylow p−子群的结构，证明它是齐次循环群。

引理 3.4 设 G 是一个 3−BCI 群。如果 p 是 $|G|$ 的一个奇素因子，则 G 的 Sylow p−子群是齐次循环群。

证明： 因为 G 是一个 3−BCI−群，所以 G 也是一个 2−BCI−群，由引理 2.11，G 是一个 FIF−群。因此 G 是引理 3.1 中的某个群。所以 $G = M_1 \times M_2 \times \cdots \times M_l$，$(|M_i|, |M_j|) = 1$，且 M_i 是互素不可分解的。让 H_p 代表 G 的 Sylow p−子群，p 是 $|G|$ 的奇素数因子。则 H_p 是某个 M_i 的子群。其中 $i \in$

$\{1, 2, \cdots, l\}$。

如果 M_i 可解，则 M_i 是定理 3.1 的 (1) 或 (2) 中的一个子群。首先，假设 M_i 在定理 3.1(1) 中。则 $M_i = M \rtimes Z_n$，且 $(|M|, n) = 1$。如果 $H_p \leq M$，则 H_p 是齐次循环的。如果 $H_p \leq Z_n$，则 H_p 是循环群，所以是齐次循环的。其次，假设 M_i 在定理 3.1(2) 中。则 $M_i = (L \times M) \rtimes (H \rtimes K \times Z_n)$，其中 $|L|$、$|M|$、$|H|$、$|K|$ 和 n 每两个都互素。所以 H_p 是且仅是 L、M、H、K、Z_n 中的一个子群。首先，如果 H_p 是 M 或 Z_n 的一个子群，则 H_p 是齐次循环的。其次，从定理 3.1 我们知道，K 循环，且 H 要么循环要么是 Q_8。因此，如果 H_p 是 H 或 K 的子群，且 H_p 是奇数阶的，则 H_p 是齐次循环的。最后，假设 $H_p \leq L$。因为 H_p 是奇数阶的，所以 L 不在表 3-1 的第一行。所以 L 是齐次循环的，或者是两个阶互素的齐次循环群的直积。因为 H_p 是 L 的一个 Sylow p-子群，所以 H_p 是齐次循环群。

现在假设 M_i 不可解。则 M_i 的阶是偶数且是定理 3.1(3) 或定理 3.1(4) 中的一个群。进一步，因为 $(|M_i|, |M_j|) = 1$ 对所有的 $j \neq i$，所以 G 的 Sylow 2-子群是 M_i 的一个子群。

50·

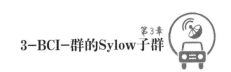

因此由引理 3.3 和 Atlas[①] 可知，$M_i = PSL_2(5)$，$PSL_2(8)$，$SL_2(5)$，$SL_2(7)$ 或者 $SL_2(9)$。所以 H_p 是齐次循环群。□

由引理 3.3 和引理 3.4 我们可以直接得到下面定理。

定理 3.2　设 G 是一个 3-BCI-群。则 G 的一个 Sylow 2-子群要么初等交换，要么循环，要么同构于 Q_8；Sylow p-子群是齐次循环群，其中 p 是 $|G|$ 的一个奇素因子。

3.3　m-BCI-群的 Sylow 子群

在上一节，我们决定了 3-BCI-群的 Sylow 子群的结构。本节中我们假设 G 是一个 m-BCI-群，$m \geqslant 6$ 是一个整数。则 G 的奇数阶 Sylow 子群结构有更好的刻画。

下面列出关于 p-群的一个著名结论。

引理 3.5[②]　设 G 是一个有限 p-群，其中 p 是一个素数。则 G 有且仅有一个阶为 p 的子群，当且仅当 G 是一个循环群或者是一个广义四元数群。

---

① J. H. Conway, R. T. Curtis, S. P. Norton, R. A. Parker and R. A. Wilson. Atlas of Finite Groups, Clarendon Press, Oxford, 1985.

② M. Suzuki. Group Theory Ⅱ, Springer-Verlag, New York, 1986.

设 G 为一个有限群，S、T 是 G 的两个子集。前面我们证明了如果 S、T 包含单位元，则由 $Cay(G, S \setminus \{1\}) \cong Cay(G, T \setminus \{1\})$ 可以推出 $BCay(G, S) \cong BCay(G, T)$。下面的引理说明如果 S、T 都不包含单位元，由 $Cay(G, S) \cong Cay(G, T)$ 也可以推出 $BCay(G, S) \cong BCay(G, T)$。

引理 3.6 设 G 为一个有限群，S、T 是 G 的两个不包含单位元的子集。如果 $Cay(G, S) \cong Cay(G, T)$，则 $BCay(G, S) \cong BCay(G, T)$。

证明：设 $Cay(G, S) \cong Cay(G, T)$，且 φ 是从 $Cay(G, S)$ 到 $Cay(G, T)$ 的一个图同构映射，

$\varphi: G \longmapsto G$

$(g, sg)^{\varphi} = (g_1, tg_1)$，$g, g_1 \in G$，$s \in S$，$t \in T$

定义：

$\psi: (G, i) \longmapsto (G, i)$，$i = 0, 1$。

$(g, i) \longmapsto (g^{\varphi}, i)$。

显然 ψ 是从 $G \times \{0, 1\}$ 到 $G \times \{0, 1\}$ 的双射。设 $(g, 0)$，$(g', 1)$ 是 $BCay(G, S)$ 中两个点，且 $(g, 0)^{\psi} = (h, 0)$ 和 $(g', 1)^{\psi} = (h', 1)$，g、g'、h、$h' \in G$。如果 $\{(g, 0)$，$(g', 1)\}$ 是 $BCay(G, S)$ 中一条边，则 $g' = sg$ 对某个

$s \in S$，且(g, g')是$Cay(G, S)$中一条边。因此$(g, g')^\varphi = (h, h')$是$Cay(G, T)$中一条边。所以$h' = th$对某个$t \in T$，$\{(h, 0), (h', 1)\}$是$BCay(G, T)$中一条边。现在设$\{(h, 0), (h', 1)\}$是$BCay(G, T)$中一条边，则$h' = th$对某个$t \in T$，且$(h, h')$是$Cay(G, T)$中一条边。因为$(g, g')^\varphi = (h, h')$，所以$(g, g')$是$Cay(G, T)$中一条边。所以$g' = sg$对某个$s \in S$，所以$\{(g, 0), (g', 1)\}$是$BCay(G, S)$中一条边。所以$\psi$是$BCay(G, S)$到$BCay(G, T)$的图同构。□

两个图Γ_1和Γ_2的字典式积$\Gamma_1[\Gamma_2]$是一个图具有点集$V(\Gamma_1) \times V(\Gamma_2)$，其中两个点$(v_1, v_2)$和$(v_3, v_4)$相连，当且仅当$v_1$、$v_3$在$\Gamma_1$中相连或者$v_1 = v_3$，且$v_2$、$v_4$在$\Gamma_2$中相连。

对一个正整数i，我们用C_i来表示长为i的圈，$\overline{K_i}$来表示完全图K_i的补图。

定理 3.3 设G是一个m-BCI-群，$m \geq 6$是一个整数。假设p是整除$|G|$的一个奇素数，且$2p \leq m$。则下面两个结论成立：

（1）G的 Sylow p-子群初等交换或者循环。

（2）如果$m \geq 8$，则G的 Sylow 3-子群初等交换或者同构于Z_9。

证明：设 p 是 $|G|$ 的一个奇素数因子，且 $2p \leq m$，设 H_p 是 G 的一个 Sylow p-子群。则由定理 3.2，H_p 是齐次循环的。因为 G 是一个有限 m-BCI-群，所以 G 也是一个 $2p$-BCI-群。

(1) 假设 G 有两个子群 $H = \langle a \rangle \cong Z_{p^2}$ 和 $K = \langle b \rangle \times \langle c \rangle \cong Z_p \times Z_p$。令 $S = a \langle a^p \rangle \cup a^{-1} \langle a^p \rangle$ 和 $T = b \langle c \rangle \cup b^{-1} \langle c \rangle$。则 $Cay(H, S) \cong C_p[\overline{K_p}] \cong Cay(K, T)$，所以 $Cay(G, S) \cong Cay(G, T)$。因此，由引理 3.6 有 $BCay(G, S) \cong BCay(G, T)$。因为 G 是一个 $2p$-BCI-群，所以 $T = gS^\alpha$ 对某个 $g \in G$ 和 $\alpha \in Aut(G)$。因为 a，$a^{p-1} \in S$，所以 ga 和 $g(a^{p-1})$ 在 T 里面，进而在 K 里面。由于 $g(a^{p-1})^\alpha = ga^\alpha(a^{p-2})^\alpha$，所以 $(a^{p-2})^\alpha \in K$。因为 p 是个奇素数，所以 $a^{p-2} = a$ 或者 $(p-2, p) = 1$，进而 $H = \langle a \rangle = \langle a^{p-2} \rangle$。所以 $H^\alpha = K$，结果矛盾。因此，如果 H_p 的指数不是 p，则 G 没有子群同构于 $Z_p \times Z_p$。所以 H_p 也没有子群同构于 $Z_p \times Z_p$。因为 H_p 是齐次循环群，所以 H_p 仅有一个子群的阶是 p。由引理 3.5，H_p 是个循环群。

(2) 假设 3 是 $|G|$ 的因子。因为 G 是一个 m-BCI-群，且 $m \geq 8$，所以由 (1) 它的 Sylow 3-子群初等交换或者循环。

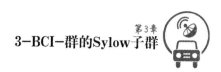
现在假定 Sylow 3-子群 H_3 是个循环群，且有一个子群 $M = \langle a \rangle \cong Z_{27}$。令 $S = a\langle a^9 \rangle \cup a^{-1}\langle a^9 \rangle \cup \{a^3, a^{-3}\}$ 和 $T = a\langle a^9 \rangle \cup a^{-1}\langle a^9 \rangle \cup \{a^{12}, a^{-12}\}$。则 $[SS^{-1}] = M = \langle TT^{-1} \rangle$，所以 $BCay(M, S)$ 和 $BCay(M, T)$ 都连通。令 $0 \leqslant i \leqslant 8$，$0 \leqslant k \leqslant 2$，$r = 0$，$1$ 和 ρ 是从 (M, r) 到 (M, r)，如下定义的双射：

$$\rho: (M, r) \longmapsto (M, r)$$

$$(a^{3i+k}, r) \longmapsto (a^{12i+k}, r)$$

不难证明 ρ 诱导出一个从 $BCay(M, S)$ 到 $BCay(M, T)$ 的同构，所以由引理 4.1，$BCay(G, S) \cong BCay(G, T)$。因为 G 是一个 8-BCI-群，所以 $T = gS^\alpha$ 对某个 $g \in G$ 和 $\alpha \in Aut(G)$。由于 a、$a^3 \in S$，所以 ga^α 和 $g(a^3)^\alpha$ 在 T 里面，也在 M 里面。因为 $g(a^3)^\alpha = ga^\alpha(a^2)^\alpha$，所以 $(a^2)^\alpha \in M$。因此 $M^\alpha = M$ 和 $g \in M$。假设 $g = a^j$。因为 $a^\alpha \in M$ 和 $o(a^\alpha) = o(a) = 27$，所以 $a^\alpha = a^{9l+x}$。这里 $x = \pm 1$，± 2，± 4 和 $l = 0$，1 或者 $l = 2$。因此 $(a^3)^\alpha = a^{3x}$。

令 $\Delta = \{g(a^3)^\alpha, g(a^{-3})^\alpha\} = \{a^{j+3x}, a^{j-3x}\}$。如果 $x = \pm 1$，则 $\Delta = \{a^{j+3}, a^{j-3}\}$；如果 $x = \pm 2$，则 $\Delta = \{a^{j+6}, a^{j-6}\}$。注意到 $a^{j+3} = a^6 a^{j-3}$ 和 $a^{j+6} = a^{12} a^{j-3}$。然而，T 不含有这样的两个元

素使得一个是另一个与 a^6 的乘积，或者一个是另一个与 a^{12} 的乘积，所以 $\triangle \subseteq gS^\alpha \setminus T$，矛盾。如果 $x = \pm 4$，则 $\triangle = \{ a^{j+12}, a^{j-12} \}$。注意到 $a^{j+12} = a^{24} a^{j-12}$。在 T 中仅有两个元素满足条件，它们是 a^{12} 和 a^{15}。所以 $j = 0$，即 $g = 1$，所以 $T = S^\alpha$。因此 $a^\alpha \in T$，也就是 $a^\alpha = a^{9m+n}$。这里 $m = 0$，1 或 $m = 2$ 且 $n = \pm 1$。因此，$(a^3)^\alpha = a^{3n} \in S^\alpha \setminus T$，矛盾。

所以 Sylow 3-子群 H_3 的指数最大是 9。因此，Sylow 3-子群是初等交换或者是循环，所以 H_3 初等交换或者是 Z_9。□

第 4 章

循环群的 BCI 性

4.1 引言

关于循环群的 BCI 性研究，以下的一些结果已经被证明[①]：设 p 是一个素数，则 p 阶循环群是 BCI-群，循环 $p-$群是弱 $(p-1)$-BCI-群；设 p、q 是两个不同奇素数，则阶为 pq 的循环群是一个 3-BCI-群。但是并没有证明循环 $p-$群是否是 $(p-1)$-BCI-群，阶为 $2p$ 的循环群是否是 3-BCI-群，这也是难点所在。本章中我们将解决这两个问题。

首先我们证明一个引理，这个引理在本章和以后的章节中会多次被用到。

注意，两个图互相同构，当且仅当存在一个它们的连通分支之间的点集双射，使得对应的连通分支同构。所以我们有下面非常有用的结论。

---

① 徐尚进，靳伟，石琴等．双 Cayley 图的 BCI-性．广西师范大学学报，2006，26 (2)：33-36.

引理 4.1 设 G 是一个有限群，S、T 是 G 的两个子集。则 $BCay(G, S) \cong BCay(G, T)$，当且仅当 $BCay(\langle SS^{-1} \rangle, S) \cong BCay(\langle TT^{-1} \rangle, T)$。进一步，如果 $1 \in S \cap T$，则 $BCay(G, S) \cong BCay(G, T)$，当且仅当 $BCay(\langle S \rangle, S) \cong BCay(\langle T \rangle, T)$。

证明： 首先假设 $BCay(G, S) \cong BCay(G, T)$。则对双 Cayley 图 $BCay(G, S)$，由于 $R(G)$ 传递的作用在两个二部划分 $G \times \{0\}$ 和 $G \times \{1\}$ 上，所以 $BCay(G, S)$ 的所有连通分支有相同数目的点且它们都互相同构。同理，$BCay(G, T)$ 的所有连通分支有相同数目的点，且也都相互同构。由引理 2.7，$BCay(\langle SS^{-1} \rangle, S)$ 和 $BCay(\langle TT^{-1} \rangle, T)$ 分别是 $BCay(G, S)$ 和 $BCay(G, T)$ 的连通分支，所以 $BCay(\langle SS^{-1} \rangle, S) \cong BCay(\langle TT^{-1} \rangle, T)$。

反之，如果 $BCay(\langle SS^{-1} \rangle, S) \cong BCay(\langle TT^{-1} \rangle, T)$，则 $BCay(G, S)(G, S) = \dfrac{|G|}{|\langle SS^{-1} \rangle|} BCay(\langle SS^{-1} \rangle, S) \cong \dfrac{|G|}{|\langle TT^{-1} \rangle|} BCay(\langle TT^{-1} \rangle, T) = BCay(G, T)$。

如果 $1 \in S \cap T$，则由引理 2.7，我们知道 $BCay(\langle SS^{-1} \rangle, S) \cong BCay(\langle S \rangle, S)$ 和 $BCay(\langle TT^{-1} \rangle, T) \cong$

$BCay(\langle T \rangle, T)$。所以 $BCay(G, S) \cong BCay(G, T)$，当且仅当 $BCay(\langle S \rangle, S) \cong BCay(\langle T \rangle, T)$。□

引理 4.1 给出了双 Cayley 图与它的连通分支的同构之间的关系。因此，以后我们讨论两个双 Cayley 图是否同构时，只需要讨论它们的连通分支是否同构即可。

我们引用一个关于 $4p$ 阶二面体群的 CI 性的结论，这将会在下一节中用到。

引理 4.2 设 p 是一个素数，$G = \langle a, b \mid a^{2p} = b^2 = 1, b^{-1}ab = a^{-1} \rangle$ 是一个 $4p$ 阶二面体群。假设 $S \subseteq G \setminus \{1\}$ 使得 $|S| = 3$. 则 S 在 $Aut(G)$ 作用下共轭于下面子集之一：$\{b, a, a^{-1}\}$，$\{b, ba, ba^i\}$ $(i = 2, 3, \cdots, p)$ 或 $\{a^p, b, ba^i\}$ $(i = 1, 2)$。如果 $\langle S \rangle = G$，则 S 是一个 CI-子集或者共轭于 $\{b, a, a^{-1}\}$ 或 $\{b, ba, ba^2\}$。①

4.2　$2p$ 阶循环群

对一个素数 p，则 p 阶循环群是 BCI-群；设 p、q 为互

① 覃建军，徐尚进，邓芸萍．4p 阶二面体群的弱 3-CI 性．数学的实践与认识，2012 (9)：115-121.

异奇素数，则 pq 阶循环群是 3-BCI-群，参考引理 2.13。

对 $2p$ 阶循环群 BCI 性的讨论要复杂很多。首先，由引理 2.11 不难知道，$2p$ 阶循环群是 2-BCI-群。本节主要是讨论 $2p$ 阶循环群的 3-BCI 性，我们证明 $2p$ 阶循环群也是 3-BCI-群。

注意，由定义 2.5 知道群 G 的任意子集 S 必与一个含单位元的子集共轭，所以如果需要，我们可以假设子集 S 包含单位元。

引理 4.3 设 p 是一个素数。则 $2p$ 阶循环群是 3-BCI-群。

证明： 设 p 是一个素数，$G=\langle a \rangle \cong Z_{2p}$ 是一个 $2p$ 阶循环群。首先，假设 $p=2$。则 $G \cong Z_4$。因为 $Aut(G)$ 在 G 的同阶元素上传递，所以由引理 2.11(2)，G 是一个 2-BCI-群。现在设 $S \subseteq G$，$|S|=3$，$1 \in S$。则 S 只有以下 3 种情况：$S_1=\{1, a, a^2\}$，$S_2=\{1, a, a^3\}$ 和 $S_3=\{1, a^2, a^3\}$。由于 $a^3 S_1=S_2$，$S_1^\alpha=S_3$（其中 $\alpha: a \mapsto a^3$，$\alpha \in Aut(G)$)，所以这 3 个子集互相共轭，即 G 是 3-BCI-群。

其次，假设 $p>2$。因为 $Aut(G)$ 在 G 的同阶元素上传递，所以由引理 2.11(2)，G 是一个 2-BCI-群。因此，我们只需要证明包含 3 个元素的子集是 BCI-子集即可。

设 $S=\{1,\ x,\ y\}$ 是 G 的一个包含 3 个元素的子集，且包含单位元。则下面情形之一成立：

（i）$o(x)=2$，$o(y)=p$；

（ii）$o(x)=2$，$o(y)=2p$；

（iii）$o(x)=o(y)=p$；

（iv）$o(x)=o(y)=2p$；

（v）$o(x)=p$，$o(y)=2p$。

设 S 是(i)中的子集。由于 $Aut(G)$ 在 G 的同阶元素上传递，且 G 仅含有唯一一个 2 阶元，则 S 共轭于子集 $K=\{1,\ a^p,\ a^{2n}\}$，$n=1,\ 2,\ \cdots,\ p-1$。令 $g=a^{-2n}$，则 $gK=\{a^{-2n},\ a^{p-2n},\ 1\}$，其中 a^{-2n} 的阶是素数 p，a^{p-2n} 的阶是 $2p$，所以 gK 包含在（v）中。即（i）中每个子集与（v）某个子集共轭。

如果 S 是(ii)中的子集，同样由于 $Aut(G)$ 在 G 的同阶元素上传递，且 G 仅含有唯一一个 2 阶元，所以 S 共轭于子集 $K=\{1,\ a^p,\ a\}$。令 $g=a^{-1}$，则 $gK=\{a^{-1},\ a^{p-1},\ 1\}$，其中 a^{p-1} 的阶是素数 p，a^{-1} 的阶是 $2p$，所以 gK 包含在（v）中。即（ii）中每个子集与（v）中某个子集共轭。

如果 S 是(iv)中的子集，则 S 共轭于子集 $K=\{1,\ a,$

$a^n\}$，其中$(n, 2p)=1$。令$g=a^{-1}$，则$gK=\{a^{-1}, a^{n-1}, 1\}$。因为$(n, 2p)=1$，所以$n$是奇数，因此$n-1$是偶数。所以$a^{n-1}$的阶是素数$p$，所以$gK$包含在（v）中。即（iv）中每个子集与（v）中某个子集共轭。

因此，如果子集S在（i）（ii）或（iv）中，则存在（v）中子集T，使得$T=hS$对某个$h\in G$，$\alpha\in Aut(G)$。即（i）（ii）和（iv）中每个子集与（v）中某个子集共轭。前面在引理2.1我们证明了如果G的两个子集共轭，则其中一个是G的BCI-子集，当且仅当另一个也是G的BCI-子集。所以不失一般性，我们可以假设子集S在（iii）或者（v）中。

设$T\subseteq G$，$|T|=3$，$1\in T$，且$BCay(G, S)\cong BCay(G, T)$。首先，假设$S$是(iii)中一个子集。则$G\neq\langle S\rangle$，由引理2.7，$BCay(G, S)$不连通，所以$BCay(G, T)$也不连通。由前面对子集$S$的讨论知道子集$T$也共轭于（iii）或者（v）中一个子集。如果$T$共轭于（v）中一个子集，则$G=\langle T\rangle$，进而$BCay(G, T)$连通，与我们的假设矛盾。所以$T$共轭于（iii）中一个子集。因为所有的$p$阶元素都形如$a^{2l}$，$l=1$，$2$，$\cdots,p-1$，所以我们可以假设$S=\{1, a^{2i}, a^{2j}\}$和$T=\{1,$

a^{2m}, a^{2n}}，这里 i, j, m, $n \in \{1, 2, \cdots, p-1\}$，$i \neq j$，$m \neq n$。因为 $Aut(G)$ 在 G 的同阶元素上传递，所以 S 共轭于 $\{1, a^2, a^{2k}\}$，T 共轭于 $\{1, a^2, a^{2r}\}$，这里 k, $r \in \{2, 3, \cdots, p-1\}$。因此，我们可以假设 $S = \{1, a^2, a^{2k}\}$ 和 $T = \{1, a^2, a^{2r}\}$。此时 $\langle S \rangle \cong \langle T \rangle \cong Z_p$。

由 $BCay(G, S) \cong BCay(G, T)$ 和引理 4.1，我们得到 $BCay(\langle S \rangle, S) \cong BCay(\langle T \rangle, T)$。由引理 2.13(1)，循环群 Z_p 是 BCI-群。因此存在 $g \in \langle S \rangle$ 和 $\alpha \in Aut(\langle S \rangle)$ 使得 $S = gT^\alpha$。又因为 $\langle S \rangle$ 是 G 的特征子群，所以存在 $\beta \in (G)$ 使得 $\beta|_{\langle S \rangle} = \alpha$，所以 $S = gT^\beta$。因此 S 是 G 的一个 BCI-子集。

现在假设 S 是 (v) 中一个子集。因为 $G = \langle S \rangle$，由引理 2.7，双 Cayley 图 $BCay(G, S)$ 连通，所以 $BCay(G, T)$ 也连通。由于 $Aut(G)$ 在 G 中的同阶元素上传递，所以 S 共轭于某一个 $\{1, a, a^{2i}\}$，这里 $i = 1, 2, \cdots, p-1$。我们设 $S_i = \{1, a, a^{2i}\}$，$X_i := BCay(G, S_i)$。设 $\overline{G} = \langle a, b \mid a^{2p} = b^2 = 1, bab = a^{-1} \rangle$ 是一个 $4p$ 阶二面体群。让 $T_i = bS_i = \{b, ba, ba^{2i}\}$，$Y_i := Cay(\overline{G}, T_i)$，然后定义：

$$\varphi: V(X_i) \longmapsto V(Y_i)$$

$$(g, 0) \longmapsto g$$

$$(g, 1) \mapsto bg$$

这里 $g \in G$，$b \in \overline{G}$，且 $o(b) = 2$。不难看出 φ 是一个从 $V(X_i)$ 到 $V(Y_i)$ 的双射。由于 $\{(g, 0), (sg, 1)\}$ 是 $BCay(G, S_i)$ 的边，当且仅当 $\{(g, 0), (sg, 1)\}^\varphi = \{g, bsg\}$（$bs \in T_i$）是 $Cay(\overline{G}, T_i)$ 的一条边，所以 φ 是一个图同构，因此 $X_i \cong Y_i$。

定义 σ：$(x, 0) \mapsto (x^{-1}, 1)$，$(x, 1) \mapsto (x^{-1}, 0)$，这里 $x \in G$。显然 σ 是 $BCay(G, S_i)$ 的点集上的一个双射。令 $g \in G$，$s \in S_i$，则 $\{(g, 0), (sg, 1)\}^\sigma = \{(g^{-1}, 1), (g^{-1}s^{-1}, 0)\} = \{(s^{-1}g^{-1}, 0), (ss^{-1}g^{-1}, 1)\}$。因此 $\{(g, 0), (sg, 1)\}$ 是 $BCay(G, S_i)$ 一条边，当且仅当 $\{(g, 0), (sg, 1)\}^\sigma$ 也是 $BCay(G, S_i)$ 一条边。所以 $\sigma \in Aut(BCay(G, S_i))$，$R(G)^\sigma = R(G)$ 且 $o(\sigma) = 2$。

所以 $R(G) \rtimes \langle \sigma \rangle \cong \overline{G}$。因为 G 是 $\overline{G}$ 的特征子群，如果 bS 是 $\overline{G}$ 的一个 CI-子集，则 S 是 G 的一个 BCI-子集[①]。由引理 4.2，除了 T_1，所有的 T_i 都是 $\overline{G}$ 的 CI-子集。所以除了 S_1，所有的 S_i 都是 BCI-子集。因此 S_1 也是一个 BCI-子集。□

---

① 徐尚进，靳伟，石琴等. 双 Cayley 图的 BCI-性. 广西师范大学学报，2006，26 (2)：33-36.

4.3 素数幂阶循环群

设 p 是一个素数，n 是一个正整数，则素数幂 p^n 阶的循环群是弱 $(p-1)$ -BCI-群，参考定理 2.3。在本节中，我们继续讨论素数幂阶的循环群的 BCI-性，我们证明素数幂阶的循环群是 $(p-1)$ -BCI-群。

定理 4.1 设 p 是一个素数，n 是一个正整数。则 p^n 阶的循环群是 $(p-1)$ -BCI-群。

证明： 设 $G=\langle a \rangle \cong Z_{p^n}$。设 $S \subseteq G$，$|S|=m<p$，且 $1 \in S$。

首先，如果 $p=2$，则 $m=1$，由引理 2.11，G 是一个 1-BCI-群。其次，假设 $p \geqslant 3$。记 $\Gamma=BCay(G, S)$。设 $U=G \times \{0\}$ 和 $W=G \times \{1\}$ 是 Γ 的两个二部划分。令 $A=Aut(\Gamma)$，$A^+=\{\alpha \in A \mid U^\alpha=U, W^\alpha=W\}$。记 $A^+_{(1,0)}$ 为 A^+ 在点 $(1, 0)$ 的稳定子群。如果 $p \nmid |A^+_{(1,0)}|$，则 G 是 A^+ 的 Sylow p -子群，由引理 2.12，S 是一个 BCI-子集。所以假设 $p \parallel |A^+_{(1,0)}|$。如果 $\langle S \rangle=G$，则由引理 2.7，$BCay(G, S)$ 连通，矛盾于 $m<p$。所以 $\langle S \rangle < G$。因此 $|\langle S \rangle|=p^i$，$i<n$ 和 $\langle S \rangle=\langle a^j \rangle$，这里

$o(a^j)=p^i$。令 $\Gamma_1: = BCay(\langle S \rangle, S)$ 和 $B = Aut(\Gamma_1)$。因为 $m<p$，所以 $p \nmid |B_{(1,0)}|$，因此由引理 2.12，S 是 $\langle S \rangle$ 的一个 BCI-子集。对 G 的任意一个满足 $1 \in T$ 和 $BCay(G, T) \cong BCay(G, S)$ 的子集 T，由引理 4.1，我们得到 $\langle S \rangle \cong \langle T \rangle$ 和 $BCay(\langle S \rangle, S) \cong BCay(\langle T \rangle, T)$。由于 S 是 $\langle S \rangle$ 的一个 BCI-子集，所以存在 $g \in \langle S \rangle$ 和 $\alpha \in Aut(\langle S \rangle)$，使得 $T=gS^\alpha$。进一步，因为 $\langle S \rangle$ 是 G 的一个特征子群，所以存在 $\beta \in Aut(G)$ 使得 β 限制在 $\langle S \rangle$ 上等价于 α。所以 $T=gS^\beta$，S 是 G 的一个 BCI-子集。□

第 5 章

非交换单 3-BCI-群

有限单群是没有非平凡正规子群的群。根据 Jordan - Hölder 定理，每个有限群都可以由有限单群合成，所以有限单群是构成有限群的基础。群论学者对有限单群的分类是 20 世纪数学领域最伟大的成就之一。有限交换单群一定同构于一个 p 阶循环群，其中 p 是一个素数，我们已经知道它是一个 BCI-群，参看引理 2.13（1）。所以本章我们主要研究有限非交换单群的 BCI 性。

5.1　预备知识

我们首先定义一个有向图。设 p 是一个素数，r、s 是两个整数，且 $r \geqslant 3$，$s \geqslant 1$，定义 $C_r(p, s)$ 是一个点集是 $Z_r \times Z_p^s$ 的有向图，这里 $((i, x), (j, y))$ 是一个弧对 $x = (x_1, x_2, \cdots, x_s)$ 和 $y = (y_1, y_2, \cdots, y_s) \in Z_p^s$，当且仅当 $j = i + 1$ 和 $y = (y_1, x_1, \cdots, x_{s-1})$。Praeger 对这类有向图有一个很好的刻画[①]。

① C. E. Praeger. Highly arc transitive digraphs, European J. Combin, 1989(10): 281-292.

引理5.1 假定 $G = Z_p^d \rtimes \langle z \rangle \leqslant AGL(1, p^d)$ 使得 Z_p^d 是 G 的一个极小正规子群。让 a 是 G 的一个阶为 p 的元素，且对一个正整数 i，$1 \leqslant i < o(z)$，令 $S_i = \{z^i, a^{-1}z^i a, \cdots, a^{-p+1}z^i a^{p-1}\}$。则 $Cay(G, S_i) \cong C_{o(z)}(p, d)$。[①]

下面用引理说明有限单 FIF-群的数目很少。

引理5.2 假定 G 是一个有限单 FIF-群。则 G 是下面群之一：$PSL_3(4)$，$S_z(8)$，M_{11}，M_{23} 和 $PSL_2(q)$ 对 $q = 5$，7，8 或 9。[②]

引理5.3 设 G 是一个有限群，S 是 G 的一个子集。如果存在 $\alpha \in Aut(G)$ 和 $g \in G$ 使得 $S^\alpha = S^{-1}g$，则 $BCay(G, S)$ 点传递。[③]

5.2 非交换单 3-BCI-群

我们的引理 5.4 证明绝大部分的非交换单群都不是 3-

---

① C. H. Li. On isomorphisms of connected Cayley graphs, II, J. Combin. Theory Ser. B, 1998(74)：28-34.

② C. H. Li and C. E. Praeger. Finite groups in which any two elements of the same order are either fused or inverse-fused, Comm. Algebra, 1997, 25(11)：3081-3118.

③ Z. P. Lu. On the automorphism groups of Bi-Cayley graphs. 北京大学学报（自然科学版），2003, 39（1）：1-5.

BCI-群。

引理 5.4 设 G 是一个有限非交换单群。如果 G 是一个 3-BCI-群，则 $G \cong A_5$ 或 $PSL_2(8)$。

证明：假设 G 是一个有限非交换单 3-BCI-群。则由引理 3.4，G 的任一个 Sylow 2-子群是初等交换、是循环或者是 Q_8。[①] 如果一个有限群有一个 Sylow 2-子群是循环群或者广义四元数群，则这个群不是单群。所以 G 的 Sylow2-子群一定是初等交换。再由 M.Suzuki（1986）或 D.Gorenstein （1982），G 是下面群之一：J_1，$Ree(3^{2n+1})$（对某个 $n \geq 1$），$PSL_2(2^n)$（对某个 $n \geq 2$）或 $PSL_2(q)$，$q \equiv \pm 3 \pmod 8$。

进一步，因为 G 是一个 3-BCI-群，所以 G 也是一个 2-BCI-群。则由引理 2.11(2)，G 是一个 FIF-群。因此，再由引理 5.2，G 是下面群其中之一：$PSL_3(4)$，$Sz(8)$，M_{11}，M_{23} 和 $PSL_2(q)$，$q = 5$、7、8、9。因此，由于 $PSL_2(4) \cong PSL_2(5) \cong A_5$，我们得出 $G = A_5$ 或 $PSL_2(8)$。□

引理 5.5 设 G 是一个有限群，$H \leq G$。设 S、T 是 H 的两个子集，满足 $1 \in S \cap T$，$|S| = |T| = n \geq 2$ 和 $H = \langle S \rangle =$

---

① D. J. S. Robinson. A Course in the Theory of Groups (second edition)，Springer-Verlag，New York，1982.

$\langle T \rangle$。如果 $T \neq hS^{\alpha}$ 对任意 $h \in H$ 和 $\alpha \in Aut(H)$，则没有 $g \in G$ 和 $\beta \in Aut(G)$ 使得 $T = gS^{\beta}$。

证明：假设 $T \neq hS^{\alpha}$ 对任意 $h \in H$ 和 $\alpha \in Aut(H)$，但是存在 $g \in G$，$\beta \in Aut(G)$ 使得 $T = gS^{\beta}$。因为 $1 \in S \cap T$，我们知道 $1 \in S^{\beta}$ 和 $g \in T \subseteq H$。所以，$g^{-1}T = S^{\beta}$，$\langle g^{-1}T \rangle = \langle S^{\beta} \rangle$。进一步，$H = \langle g^{-1}T \rangle = \langle S^{\beta} \rangle = H^{\beta}$，所以 $\beta \in Aut(H)$，矛盾。$\square$

由平凡同构的定义我们知道，为了研究 $BCay(G, S)$ 是否是 G 的一个 BCI-图，如果需要，我们可以假设 $1 \in S$。

[回顾] 对一个有限群 G，我们用 $G' = \langle [a, b] \mid a, b \in G \rangle$ 来表示 G 的换位子群。对 G 中的一个元素 a，我们用 $o(a)$ 来表示 a 的阶。

下面的引理证明了线性群 $PSL_2(8)$ 不是 3-BCI-群。

引理 5.6 线性群 PSL_2 (8) 不是 3-BCI-群。

证明：设 $G = PSL_2(8)$，H 是仿射群 $AGL_1(8)$。则 $H < G$，且 $Aut(H) \cong H \rtimes Z_3$。令 $K \cong Z_2^3$ 和 $L \cong Z_7 = \langle z \rangle$。则 $H \cong K \rtimes L$。进一步，$N_{(H)}(\langle z \rangle) = \langle z \rangle \rtimes \langle \sigma \rangle \cong Z_7 \rtimes Z_3$，这里 $\sigma \in Aut(\langle z \rangle)$，使得 $z^{\sigma} = z^2$。

设 $a \in K$，且 a 的阶为 2。定义集合 $S = \{1, z, aza\}$。则 $H = \langle S \rangle = \langle S^{-1} \rangle$。首先，我们可以证明对所有的 $\alpha \in Aut$

(H)，有 $S^{\alpha}\neq S^{-1}$。假定 $S^{\alpha}=S^{-1}$ 对某个 $\alpha\in Aut(H)$。则 $\{1, z^{\alpha}, a^{\alpha}z^{\alpha}a^{\alpha}\}=\{1, z^{-1}, az^{-1}a\}$。如果 $z^{\alpha}=z^{-1}$，则 $o(\alpha)$ 是偶数，且 $\alpha\in N_{(H)}(\langle z\rangle)\cong Z_7\rtimes Z_3$，矛盾；如果 $z^{\alpha}=az^{-1}a$，则 $z^{\alpha a}=z^{-1}$，也是矛盾。所以对任意的 $\alpha\in Aut(H)$，有 $S^{\alpha}\neq S^{-1}$。

其次，我们有 $S^{-1}\neq gS^{\alpha}$ 对所有的 $g\in H$，$\alpha\in Aut(H)$。假设 $S^{-1}=gS^{\alpha}$ 对某个 $g\in H$ 和 $\alpha\in Aut(H)$。则 $\{1, z^{-1}, az^{-1}a\}=\{g, gz^{\alpha}, ga^{\alpha}z^{\alpha}a^{\alpha}\}$。因为 $S^{\alpha}\neq S^{-1}$，我们有 $g\neq 1$。如果 $g=z^{-1}$，则 gz^{α} 或者 $ga^{\alpha}z^{\alpha}a^{\alpha}$ 等于 $az^{-1}a$。因此，z^{α} 或者 $a^{\alpha}z^{\alpha}a^{\alpha}$ 等于 $zaz^{-1}a$ 在 H' 里面。因为 $H/K\cong Z_7$ 是交换群，所以 $H'\leqslant K$，因此 z^{α} 或者 $a^{\alpha}z^{\alpha}a^{\alpha}$ 在 K 里面。但是与 $|K|=8$，z^{α} 和 $a^{\alpha}z^{\alpha}a^{\alpha}$ 的阶都是 7 矛盾。如果 $g=az^{-1}a$，则 gz^{α} 或者 $ga^{\alpha}z^{\alpha}a^{\alpha}$ 等于 z^{-1}。因此，z^{α} 或 $a^{\alpha}z^{\alpha}a^{\alpha}$ 等于 $azaz^{-1}$ 在 H' 里面也是矛盾。因为 $H=\langle S\rangle$，由引理 5.5，不存在 $g\in G$，$\beta\in Aut(G)$ 使得 $S^{-1}=gS^{\beta}$。

令 $\bar{S}=S\setminus\{1\}$，$\bar{T}=S^{-1}\setminus\{1\}$。则由引理 5.1 得出，$Cay(H,\bar{S})\cong Cay(H, \bar{T})$。因此由引理 3.2，我们有 $BCay(H, S)\cong BCay(H, S^{-1})$。进一步，由引理 4.1，得出 $BCay(G, S)\cong BCay(G, S^{-1})$。因此，$BCay(G, S)$ 和 $BCay(G, S^{-1})$ 不是 $PSL_2(8)$ 的 BCI-图。□

引理5.7证明交错群 A_4 是一个 3-BCI-群。

引理 5.7　交错群 A_4 是一个 3-BCI-群。

证明：设 $G=A_4$。则 $Aut(G)=S_4$，所以 G 中所有同阶元素在 $Aut(G)$ 中共轭。由引理 2.11(1) 和 (2)，G 是一个 2-BCI-群。

现在，假设 $S\subseteq G$，$|S|=3$，且 $1\in S$。则 $S=\{1,\ x,\ y\}$ 对某两个 $x,\ y\in G$。因为 $G\setminus\{1\}$ 中元素的阶是 2 或者是 3，所以 S 有下面两种情形：

情形 1：$o(x)=o(y)=2$。群 G 中仅有 3 个元素的阶是 2，假定它们是 $x_1=(1,\ 2)(3,\ 4)$，$x_2=(1,\ 3)(2,\ 4)$ 和 $x_1x_2=(1,\ 4)(2,\ 3)$。则 S 是下面之一：$S_1=\{1,\ x_1,\ x_2\}$，$S_2=\{1,\ x_1,\ x_1x_2\}$ 和 $S_3=\{1,\ x_2,\ x_1x_2\}$。然而，因为 $x_1S_1=S_2$ 和 $x_2S_1=S_3$，所以不失一般性，我们可以假定 $S=S_1$。则 $S=S^{-1}$。设 T 是 G 的一个包含 3 个元素的子集，且满足 $BCay(G,\ T)\cong BCay(G,\ S)$。我们假设 $1\in T$。则由引理 4.1，$BCay(\langle T\rangle,\ T)\cong BCay(\langle S\rangle,\ S)$。所以 $|\langle T\rangle|=|\langle S\rangle|=4$，且 $\langle T\rangle=\langle S\rangle$。因为 $1\in T$，所以存在 $g\in G$ 使得 $T=gS$。因此 $BCay(G,\ S)$ 是一个 3-BCI-图。

情形 2：$o(x)=3$，$o(y)=2$ 或 $o(y)=3$。首先，设

$o(y)=2$。因为 G 中所有同阶元素在 $Aut(G)$ 中共轭，所以我们可以假设 $x=(1,2,3)$。则 S 是下面之一：$S_1=\{1, x, (1,2)(3,4)\}$，$S_2=\{1, x, (1,3)(2,4)\}$ 和 $S_3=\{1, x, (1,4)(2,3)\}$。因为 $S_1^x=S_3$，$S_3^x=S_2$，不失一般性，我们假定 $S=S_1$。进一步，令 $h=(2,3)$，则 $xS^h=x\{1, x^{-1}, (1,3)(2,4)\}=\{1, x, (1,4,2)\}$。

其次，假定 $o(y)=3$。这时除了元素 x 和 x^{-1} 之外，x^{-1} 把其他所有 3 阶元素分成两个共轭类，且两个代表元素分别是 $(1,2,4)$ 和 $(1,4,2)$。进一步，由于 $S^{x^{-1}}=\{1, x, y'\}$，这里 $o(y')=3$，我们可以假设 S 是下面之一：$S_1=\{1, x, x^{-1}\}$，$S_2=\{1, x, (1,2,4)\}$ 和 $S_3=\{1, x, (1,4,2)\}$。因此，对情形 2 中的任一个子集 S，存在 $g\in G$，$\alpha\in Aut(G)$，使得 gS^α 是某个 S_j，$j=1,2,3$。

现在，我们证明 $BCay(G, S_2)\not\cong BCay(G, S_3)$。因为 $R(G)$ 正则的作用在 $BCay(G, S_3)$ 的两个划分上，所以如果 $BCay(G, S_2)\cong BCay(G, S_3)$，则存在一个图同构 σ 把 $BCay(G, S_2)$ 的点 $(1, 0)$ 映射到 $BCay(G, S_3)$ 的点 $(1, 0)$ 或 $(1, 1)$。我们用 $X_3((1, 0))$ 和 $X_3((1, 1))$ 分别表示一个图中与 $(1, 0)$ 和 $(1, 1)$ 距离是 3 的点的集合。不难验证 $X_3((1, 0))$

和 $X_3((1, 1))$ 在 $BCay(G, S_2)$ 中都包含 6 个点，在 $BCay(G, S_3)$ 中都包含 5 个点。所以，$BCay(G, S_2) \not\cong BCay(G, S_3)$。

进一步，因为 $G \neq \langle S_1 \rangle$，但 $G = \langle S_i \rangle$，对 $i = 2, 3$，则由引理 2.7，$BCay(G, S_1)$ 不连通，但是 $BCay(G, S_i)$ 连通。所以，上面 3 个双 Cayley 图中的任何两个都不同构，也因此所有 $BCay(G, S_j)$，这里 $j = 1, 2, 3$ 都是 3-BCI-图。

所以，A_4 是一个 3-BCI-群。□

下面将要证明 A_5 是一个 3-BCI-群。

引理 5.8 交错群 A_5 是 3-BCI-群。

证明： 设 $G = A_5$，$S \subseteq G$，$|S| = 3$ 且 $1 \in S$。假定 T 是 G 的一个子集，使得 $|T| = 3$，$1 \in T$ 且 $BCay(G, S) \cong BCay(G, T)$。则由引理 4.1，我们知道 $BCay(\langle S \rangle, S) \cong BCay(\langle T \rangle, T)$，所以 $|\langle S \rangle| = |\langle T \rangle|$。设 $T = \{1, x, y\}$ 这里 $x, y \in G$。我们分情况来论证 S 是一个 BCI-子集。

I：设 $S = S^{-1}$。则 S 是下面两种情况之一。

情况 1：$S = \{1, a, a^{-1}\}$ 对某个 $a \in G$，$o(a) \geqslant 3$。因此 $o(a) = 3$ 或 $o(a) = 5$。

首先，设 $o(a) = 3$，则 $|\langle T \rangle| = 3$。所以 $o(x) = o(y) = 3$。因为 $x \neq y$，我们知道 $y = x^{-1}$，否则 $|\langle T \rangle| > 3$。因为 G 中

所有同阶元素在 $Aut(G)$ 中共轭，所以存在 $\alpha \in Aut(G)$ 使得 $\alpha: a \mapsto x$。因此 $T = S^{\alpha}$，所以 $BCay(G, S)$ 是 G 的一个 3-BCI-图。

其次，如果 $o(a) = 5$，则 $|\langle T \rangle| = 5$。所以 $o(x) = o(y) = 5$，且 $y \in \langle x \rangle$。定义集合 $T_1 = \{1, x, x^2\}$，$T_2 = \{1, x, x^3\}$ 和 $T_3 = \{1, x, x^4\}$。则 $x^4 T_1 = T_3$。因为存在 $\alpha \in Aut(G)$ 使得

$$\alpha: \begin{cases} x \mapsto x^3 \\ x^3 \mapsto x^4 \end{cases}$$, 所以我们有 $x T_2^{\alpha} = T_3$。因此，不失一般性，我们可以假定 $T = T_3$。进一步，因为存在 $\beta \in Aut(G)$ 使得 $T = S^{\beta}$，所以 $BCay(G, S)$ 是 G 的一个 3-BCI-图。

情况 2：$S = \{1, b, c\}$ 对某个 $b, c \subset G$，$o(b) = o(c) = 2$。令 bc 的阶为 l，则 $\langle S \rangle \cong D_{2l}$。由 Atlas[1]，我们知道 $l = 2$，$l = 3$ 或 $l = 5$，且 G 中所有同构于 D_{2l} 的子群都在 G 中共轭。因此我们假定 $\langle S \rangle = \langle T \rangle$。如果 $T = T^{-1}$，则 $o(x) = o(y) = 2$，因为 $Aut(G)$ 在 D_{2l} 的任意两对对合上传递，所以 $S^{\beta} = T$ 对某个 $\beta \in Aut(G)$。如果 $T \neq T^{-1}$，则 $l = 3$ 或 $l = 5$。不失一般性，假定 $o(x) = l$ 和 $o(y) = 2$。让 $T' = yT = \{1, y, yx\}$。则 $T' =$

———————————

① J. H. Conway, R. T. Curtis, S. P. Norton, R. A. Parker and R. A. Wilson. Atlas of Finite Groups, Clarendon Press, Oxford, 1985.

T'^{-1}。所以存在 $\gamma \in Aut(G)$ 使得 $S^\gamma = T'$，即 $S^\gamma = yT$。因此，$BCay(G, S)$ 是 G 的一个 3-BCI-图。

Ⅱ. 设 $S \neq S^{-1}$。则 S 是下面两种情况之一。

情况 1：$\langle S \rangle < G$。让 H 是 G 的一个包含 S 的极大子群。由 Atlas[①]，我们知道，$H \cong A_4$，$H \cong D_{10}$ 或 $H \cong S_3$，且 G 的任意一个阶为 $|H|$ 的极大子群都共轭于 H。如果 $\langle S \rangle < H$，则 $\langle S \rangle \cong Z_5$。因为 $S \neq S^{-1}$，且 G 中所有 5 阶元素都在 $Aut(G)$ 中共轭，所以我们可以假设 $S = \{1, a, a^2\}$ 或 $\{1, a, a^3\}$ 对某个 $a \in G$，$o(a) = 5$。进一步地，存在一个群同构 β：$a \longmapsto a^3$ 使得 $\{1, a, a^2\} = a^2\{1, a, a^3\}^\beta$。所以，不失一般性，我们可以假设 $S = \{1, a, a^2\}$。因为 $|\langle T \rangle| = |\langle S \rangle| = 5$ 和 $T = \{1, x, y\}$，因此 $o(x) = o(y) = 5$。进一步，$y \in \langle x \rangle$。就像在 $S = S^{-1}$ 的情况 1 中的讨论一样，我们可以假定集合 $T = \{1, x, x^2\}$。因此存在群同构 γ：$a \longmapsto x$ 使得 $S^\gamma = T$。所以 $BCay(G, S)$ 是一个 3-BCI-图。其次，如果 $\langle S \rangle = H$，则由定理 2.5 和引理 5.7，$BCay(H, S)$ 是 H 的一个 3-BCI-图。因为 $BCay(G, S) \cong BCay(G, T)$，由引理 4.1，我们有

---

① J. H. Conway, R. T. Curtis, S. P. Norton, R. A. Parker and R. A. Wilson. Atlas of Finite Groups, Clarendon Press, Oxford, 1985.

$|\langle T \rangle| = |H|$。因为 G 中所有阶为 $|H|$ 的子群都共轭于 H，存在 $g \in G$ 使得 $T^g \subseteq H$，所以 $\langle T^g \rangle = H$。因此 $BCay(H, S) \cong BCay(H, T^g)$，所以存在 $h \in H$，$\alpha \in Aut(H)$ 使得 $S = h T^{g\alpha}$。由 Atlas[①] 我们知道，$(H) \cong N_{(G)}(H)/C_{(G)}(H)$，所以 $S = h T^{g\bar{\alpha}}$ 对某个 $\bar{\alpha} \in N_{(G)}(H)$。所以，$BCay(G, S)$ 是 G 的一个 3-BCI-图。

情况 2：$\langle S \rangle = G$。则 S 是下面情形之一：

（1）S 包含一个阶为 2 的元素一个阶为 3 的元素。

（2）S 包含一个阶为 2 的元素一个阶为 5 的元素。

（3）S 包含一个阶为 3 的元素一个阶为 5 的元素。

（4）S 包含两个阶为 3 的元素。

（5）S 包含两个阶为 5 的元素。

因为 $Aut(G) = S_5$ 且它在 G 的同阶元素上传递，不失一般性，我们可以假设情形（1）和情形（4）中的子集包含元素（1，2，3），情形（2）、情形（3）和情形（5）中的子集包含元素（1，2，3，4，5）。

设 S 是情形(1)中的子集。令 $S = \{1, a, b\}$，这里 $a =$

---

① J. H. Conway, R. T. Curtis, S. P. Norton, R. A. Parker and R. A. Wilson. Atlas of Finite Groups, Clarendon Press, Oxford, 1985.

$(1, 2, 3)$，$o(b) = 2$。令 $h = (4, 5) \in Aut(G)$。则不难证明 G 的每个对合在 a 或 h 的共轭作用下，$(1, 4)(2, 5)$，$(1, 2)(3, 4)$ 或等于 $(1, 2)(4, 5)$。所以，S 共轭于下面之一：$S_{11} = \{1, a, (1, 4)(2, 5)\}$，$S_{12} = \{1, a, (1, 2)(3, 4)\}$ 或 $S_{13} = \{1, a, (1, 2)(4, 5)\}$。然而，因为 $G \neq \langle S_{13} \rangle$，所以 S 不共轭于 S_{13}。令 $g_1 = (1, 3, 2)$。则 $g_1 S_{11} = \{1, (1, 3, 2), (1, 3, 5, 2, 4)\}$ 在情形 (3) 中，$g_1 S_{12} = \{1, (1, 3, 2), (1, 4, 3)\}$ 在情形 (4) 中。所以，对情形 (1) 中任一个子集 S，存在一个情形 (3) 或情形 (4) 中的子集 T 使得存在 $BCay(G, S)$ 和 $BCay(G, T)$ 之间的平凡同构。

现在设 $a = (1, 2, 3, 4, 5)$。如果 S 在情形 (2) 中，则用和情形 (1) 中一样的讨论，我们可以证明 S 在 a 的共轭作用下，$S_{21} = \{1, a, (1, 2)(3, 4)\}$ 或 $S_{22} = \{1, a, (1, 3)(2, 4)\}$。进一步，我们有 $a^{-1} S_{21} = \{1, a^{-1}, (1, 5, 3)\}$ 在情形 (3) 中，$a^{-1} S_{22} = \{1, a^{-1}, (1, 5, 2, 3, 4)\}$ 在情形 (5) 中。

用和上面相似的讨论，如果 S 在情形 (3) 中，我们得到 S 在 $a = (1, 2, 3, 4, 5)$ 的共轭下，$S_{31} = \{1, a, (1, 2, 3)\}$，$S_{32} = \{1, a, (1, 3, 2)\}$，$S_{33} = \{1, a, (1, 2, 4)\}$

或 $S_{34} = \{1, a, (1, 4, 2)\}$。进一步, $(1, 3, 2)S_{31} = \{1, (1, 3, 2), (1, 4, 5)\}$ 在情形(4)中;$a^{-1}S' = \{1, a^{-1}, (h, i, j, k, l)\}$ 在情形(5)中,这里 $S' = S_{32}$ 或 S_{34}。所以,对情形(2)或情形(3)中的任一个子集 S,存在 $BCay(G, S)$ 和 $BCay(G, S_{33})$ 之间的平凡同构,或者存在一个子集 T 在情形(4)或情形(5)中使得存在 $BCay(G, S)$ 和 $BCay(G, T)$ 之间的平凡同构。

因此,我们只需要对如下子集 S 验证双 Cayley 图 $BCay(G, S)$ 是否是 BCI-图:S 在情形(4)或情形(5)中,或者 $S = S_{33} = \{1, (1, 2, 3, 4, 5), (1, 2, 4)\}$。现在,我们证明对以上每个子集 S, $BCay(G, S)$ 是点传递的。首先,设 S 在情形(4)中。假设 $S = \{1, g, b\}$,这里 $g = (1, 2, 3)$, $o(b) = 3$. 因为 $G = \langle S \rangle$,我们知道 S 是下面其中之一:$\{1, g, (i, 4, 5)\}$ 或 $\{1, g, (i, 5, 4)\}$,这里 $i = 1, 2, 3$。令 $h = (4, 5)$,则 $(i, 4, 5)^h = (i, 5, 4)$。进一步,我们知道 $(1, 4, 5)^g = (2, 4, 5)$ 和 $(2, 4, 5)^g = (3, 4, 5)$。所以我们可以假设 $S = S_{41} = \{1, g, (1, 4, 5)\}$。令 $k = (2, 3)(4, 5)$. 则 $S^k = S^{-1}$,由引理 5.3, $BCay(G, S)$ 点传递。

其次，设 S 在情形(5)中。令 $S = \{1,\ g',\ b\}$，这里 $g' = (1,\ 2,\ 3,\ 4,\ 5)$，$o(b) = 5$。令 $h = (1,\ 2,\ 3,\ 5,\ 4)$. 则不难证明除了 g'、g'^2、g'^3 和 g'^4 之外，G 中余下的 5 阶元素在 g' 的共轭作用下被分成 4 个共轭类，且 4 个代表元素是 h^i，这里 $i = 1,\ 2,\ 3,\ 4$。进一步，因为 $G = \langle S \rangle$，所以 S 在 $Aut(G)$ 的共轭作用下肯定是 $S_{5i} = \{1,\ g',\ h^i\}$ 中之一。假设 $g_1 = (1,\ 3)(4,\ 5)$。则 $S_{5i}^{g_1} = S_{5i}^{-1}$，由引理 5.3，我们知道 $BCay(G,\ S_{5i})$ 点传递。

最后，设 $S = S_{33}$。令 $x = (1,\ 2)(3,\ 5)$。则 $S^x = S^{-1}$。所以，由引理 5.3，$BCay(G,\ S)$ 点传递。

对双 Cayley 图 $BCay(G,\ S)$，让 $X_i(v)$ 表示所有到点 v 距离为 i 的点的集合。设 $v = (1,\ 0)$。则容易验证 $|X_2(v)| = 5$ 对 $BCay(G,\ S_{33})$ 和 $BCay(G,\ S_{54})$；$|X_2(v)| = 6$ 对 $BCay(G,\ S_{41})$，$BCay(G,\ S_{51})$，$BCay(G,\ S_{52})$ 和 $BCay(G,\ S_{53})$。进一步，$|X_3(v)| = 9$ 对 $BCay(G,\ S_{33})$ 和 $|X_3(v)| = 10$ 对 $BCay(G,\ S_{54})$。因为所有的 $BCay(G,\ S_{33})$、$BCay(G,\ S_{41})$ 和 $BCay(G,\ S_{5i})$（这里 $i = 1,\ 2,\ 3,\ 4$）都点传递，所以 $BCay(G,\ S_{33})$ 和 $BCay(G,\ S_{54})$ 是 G 的 3-BCI-图。进一步，容易证明 $|X_3(v)| = 10$ 对 $BCay(G,\ S_{41})$，$|X_3(v)| = 11$ 对

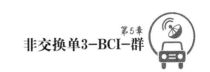

$BCay(G, S_{51})$，$|X_3(v)| = 11$ 对 $BCay(G, S_{52})$ 和 $|X_3(v)| = 12$ 对 $BCay(G, S_{53})$。所以 $BCay(G, S_{41})$ 和 $BCay(G, S_{53})$ 是 G 的 3-BCI-图。因为 $|X_4(v)| = 20$ 对 $BCay(G, S_{51})$，$|X_4(v)| = 17$ 对 $BCay(G, S_{52})$，所以 $BCay(G, S_{51})$ 和 $BCay(G, S_{52})$ 也是 3-BCI-图。

所以，A_5 是一个 3-BCI-群。□

现在我们可以证明本章的主要定理。

定理 5.1 一个有限非交换单群 G 是-BCI 群，当且仅当 $G = A_5$。

证明： 设 G 是一个有限非交换单群。由引理 5.4 和引理 5.6，如果 $G \neq A_5$，则 G 不是 3-BCI-群。进一步，由引理 5.8，我们知道 A_5 是一个 3-BCI-群。所以，G 是一个 3-BCI 群，当且仅当 $G = A_5$。□

第 6 章

小阶数群的 BCI 性

6.1 预备知识

在本章中我们将研究小阶数群的 BCI 性。由补图的定义我们知道双 Cayley 图 $BCay(G, S)$ 的补图是 $BCay(G, G \backslash S)$。我们首先证明引理 6.1：一个双 Cayley 图是 BCI-图，当且仅当它的补图是一个 BCI-图。

引理 6.1 设 G 是一个有限群，$S \subseteq G$。则 $BCay(G, S)$ 是一个 BCI-图，当且仅当 $BCay(G, G \backslash S)$ 是一个 BCI-图。

证明： 设 $|G| = n$，$|S| = m$，且 $m < n$。则 $|G \backslash S| = n - m$。首先，假设 $BCay(G, S)$ 是一个 BCI-图。令 $T \subseteq G$ 使得 $BCay(G, G \backslash S) \cong BCay(G, G \backslash T)$。则由引理 3.3，$BCay(G, S) \cong BCay(G, T)$。因为 $BCay(G, S)$ 是一个 BCI-图，存在 $g \in G$，$\alpha \in Aut(G)$ 使得 $T = gS^{\alpha}$，所以 $g^{-1}T = S^{\alpha}$。现在，因为 $g^{-1}T \cup (G \backslash g^{-1}T) = G = S^{\alpha} \cup (G \backslash S^{\alpha})$，所以 $G \backslash g^{-1}T = G \backslash S^{\alpha}$。$g^{-1}(G \backslash T) = G \backslash S^{\alpha}$，即 $G \backslash T = g(G \backslash S^{\alpha}) = g(G \backslash$

$S)^{\alpha}$。所以 $BCay(G, G\setminus S)$ 是一个 BCI-图。

反之，如果 $BCay(G, G\setminus S)$ 是一个 BCI-图，用相同的讨论，可以证明 $BCay(G, S)$ 也是一个 BCI-图。□

对一个整数 n，我们用 $\left[\dfrac{n}{2}\right]$ 表示不大于 $\dfrac{n}{2}$ 的最大整数。

引理 6.1 导出下面有用的推论。

推论 6.1 设 G 是一个有限群，$S\subseteq G$。如果对所有的 $|S|\leqslant\left[\dfrac{|G|}{2}\right]$ 都有 $BCay(G, S)$ 是 BCI-图，则 G 是一个 BCI-群。

证明：设 $|G|=n$ 且对所有的 $|S|\leqslant\left[\dfrac{n}{2}\right]$ 都有 $BCay(G, S)$ 是 BCI-图。设 $T\subseteq G$ 且 $\left[\dfrac{n}{2}\right]<|T|<n.$ 则 $|G\setminus T|\leqslant\left[\dfrac{n}{2}\right]$，所以 $BCay(G, G\setminus T)$ 是 BCI-图。由引理 6.1，$BCay(G, T)$ 也是 BCI-图. 因此 G 是一个 BCI-群。□

6.2 小阶数群的 BCI 性

设 G 是一个阶为 $n<9$ 的群。令 $S\subseteq G$ 和 $\Gamma=BCay(G, S)$。

为了证明定理6.1，由推论6.1，我们仅需要讨论$BCay(G, S)$是否是BCI-图对$|S| \leqslant \left[\dfrac{n}{2}\right]$。

引理6.2证明阶为4和6的群是BCI-群。

引理6.2 阶为4和6的群是BCI-群。

证明： 设G是一个有限群。

首先，设G的阶为4。则$G \cong Z_4$或者$Z_2 \times Z_2$。因为$Aut(G)$在G的同阶元素上传递，所以由引理2.11(2)，G是一个2-BCI-群。因此，由推论6.1，G是一个BCI-群。

其次，设G的阶是6。则$G \cong Z_6$或D_6。如果$G \cong Z_6$，则由定理4.3，G是一个3-BCI-群。如果$G \cong D_6$，则由定理2.5，G也是一个3-BCI-群。因此由推论6.1，G是一个BCI-群。□

引理6.3 循环群Z_8是3-BCI-群，但不是4-BCI-群。

证明： 假设$G = \langle a \rangle \cong Z_8$。则$Aut(G)$在$G$的同阶元素上传递。所以，由引理2.11(2) G是一个2-BCI-群。让$S \subseteq G$，且$1 \in S$。我们首先证明G是一个3-BCI-群。

Ⅰ. 设$|S| = 3$，$S = \{1, x, y\}$，$x, y \in G$。

首先，假设$BCay(G, S)$不连通。则因为$1 \in S$，所以由引理2.7，$G \neq \langle S \rangle$。因此S不包含8阶元素。又因为G仅

含有一个对合，所以 S 至少包含一个4阶元素。进一步，因为 G 中所有的同阶元素在 $Aut(G)$ 中共轭，我们可以假设 $x = a^2 \in S$。所以，S 共轭于 $S_1 = \{1, a^2, a^4\}$ 或者 $S_2 = \{1, a^2, a^6\}$。令 $\alpha \in Aut(G)$，使得 $\alpha: a \mapsto a^3$。则 $S_1 = a^2 S_2^\alpha$。因此 $BCay(G, S)$ 是一个 BCI-图。

其次，假设 $BCay(G, S)$ 连通。则因为 $1 \in S$，由引理 2.7，$G = \langle S \rangle$。因此 S 至少包含一个8阶元素。由于 G 中所有同阶元在 $Aut(G)$ 中共轭，S 与某个 S' 共轭，其中 S' 包含1和 a。由引理 2.1，$BCay(G, S)$ 是一个 BCI-图，当且仅当 $BCay(G, S')$ 是一个 BCI-图。所以我们可以假设 $x = a \in S$。现在，S 是下面情形之一：

(1) $o(y) = 2$;

(2) $o(y) = 4$;

(3) $o(y) = 8$。

如果 $o(y) = 2$，则 $S = \{1, a, a^4\}$。令 $\alpha \in Aut(G)$，使得 $a^\alpha = a^3$。则 $a^5 S^\alpha = \{1, a, a^5\}$ 在(3)中，所以 S 共轭于(3)中某个子集。

如果 $o(y) = 4$，则 S 等于 $\{1, a, a^2\}$ 或 $\{1, a, a^6\}$。令 $\alpha \in Aut(G)$ 使得 $a^\alpha = a^5$。则 $a^7\{1, a, a^2\} = \{a^7, 1, a\}$，$a^3$

$\{1,\ a,\ a^6\}^\alpha=\{1,\ a,\ a^3\}$，两者都在(3)中。所以 S 共轭于(3)中一个子集。

因此，我们只需要证明 (3) 中的子集都是 BCI-子集即可。现在，设 $o(y)=8$。则 S 等于下面三个子集之一：$S_1=\{1,\ a,\ a^3\}$，$S_2=\{1,\ a,\ a^5\}$，$S_3=\{1,\ a,\ a^7\}$。记 $\Gamma^i=BCay(G,\ S_i)$，$i=1,\ 2,\ 3$。令 $\Gamma^i_j(v)$ 表示在 Γ^i 中到点 v 的距离为 j 的所有点的集合。

则不难验证 $|\Gamma^1_2((1,\ 0))|=6$，$|\Gamma^2_2((1,\ 0))|=5$ 和 $|\Gamma^3_2((1,\ 0))|=4$。因为 Z_8 循环，则每个 S_i 都是 G 的 3 个共轭类的并，由引理 2.6(1)，Γ^1、Γ^2 和 Γ^3 都点传递。所以 Γ^1、Γ^2 和 Γ^3 每两个都不同构。因此，所有 $BCay(G,\ S_i)$ 都是 BCI-图，$i=1,\ 2,\ 3$。因此，Z_8 是一个 3-BCI-群。

Ⅱ. 现在，我们准备证明 G 不是一个 4-BCI-群。设 $S_1=\{1,\ a,\ a^2,\ a^5\}$ 和 $S_2=\{1,\ a,\ a^5,\ a^6\}$。令 $\Gamma_1=BCay(G,\ S_1)$ 和 $\Gamma_2=BCay(G,\ S_2)$。下面证明 $\Gamma_1\cong\Gamma_2$，但是 $S_1\neq gS_2^\alpha$ 对任意的 $g\in G$，$\alpha\in Aut(G)$。

(1) 让 $\Delta_1=\{1,\ a,\ a^4,\ a^5\}$，$\Delta_2=\{a^2,\ a^6\}$ 和 $\Delta_3=\{a^3,\ a^7\}$。则 $G=\Delta_1\cup\Delta_2\cup\Delta_3$。令 $i\in\{0,\ 1\}$。

定义：

$$\sigma: \ V(\Gamma_1) \longmapsto V(\Gamma_2)$$

$$(g, \ i) \longmapsto (g, \ i), \ g \in \Delta_1,$$

$$(h, \ i) \longmapsto (h^{-1}, \ i), \ h \in \Delta_2,$$

$$(k, \ i) \longmapsto (a^2 k^{-1}, \ i), \ k \in \Delta_3。$$

很明显可以看出，σ 是良定义的且是一个双射。进一步，可以直接验证 σ 是一个从 Γ_1 到 Γ_2 的图同构，所以 $\Gamma_1 \cong^{\sigma} \Gamma_2$。

（2）现在证明 $S_1 \neq g S_2^{\alpha}$ 对任意的 $g \in G$，$\alpha \in Aut(G)$。

反之，假设 $S_1 = g S_2^{\alpha}$ 对某个 $g \in G$，$\alpha \in Aut(G)$。如果 $a^{\alpha} = a$ 或 $a^{\alpha} = a^5$，则 $S_2^{\alpha} = S_2 \neq S_1$，因此 $g \neq 1$。所以 $g \in \{a, \ a^2, \ a^5\}$。因为 $S_1 = g S_2^{\alpha}$，所以 $g(x)^{\alpha} = 1$ 对某个 $x \in \{a, \ a^5, \ a^6\}$，因此 $(x)^{\alpha} = g^{-1}$。如果 $g = a^2$，则因为 $o(x) = o(g) = 4$，$x = a^6$。则 $\{g a^{\alpha}, \ g(a^5)^{\alpha}\} = \{a, \ a^5\}$，因此 $g a^{\alpha} = a$ 或者 $g a^{\alpha} = a^5$。所以 $(a^6)^{\alpha} = a^2$ 矛盾于 $(a^6)^{\alpha} = a^6$。所以 $g \neq a^2$。现在假设 $g = a$ 或 $g = a^5$。则 $x = a$ 或者 $x = a^5$。如果 $x = a$，当 $g = a$ 则 $a^{\alpha} = a^7$；当 $g = a^5$ 则 $a^{\alpha} = a^3$。然而，$g(a^5)^{\alpha} = a^4$ 不在 S_1 中矛盾于 $S_1 = g S_2^{\alpha}$。如果 $x = a^5$，当 $g = a$ 则 $(a^5)^{\alpha} = a^7$；当 $g = a^5$ 则 $(a^5)^{\alpha} = a^3$。所以与 $g a^{\alpha} = a^4$ 不在 S_1 中，矛盾。所以 $g \neq a$，a^5 矛盾于 $S_1 = g S_2^{\alpha}$ 对任意的 $g \in G$，$\alpha \in Aut(G)$。所以 $S_1 \neq g S_2^{\alpha}$

对某个 $g \in G$, $\alpha \in Aut(G)$。

如果 $a^\alpha = a^7$, 则 $S_2^\alpha = \{1, a^2, a^3, a^7\} \neq S_1$, 因此 $g \neq 1$。所以 $g \in \{a, a^2, a^5\}$。如果 $g = a$, 则 $gS_2^\alpha = \{1, a, a^3, a^4\}$; 如果 $g = a^2$, 则 $gS_2^\alpha = \{a, a^2, a^4, a^5\}$; 如果 $g = a^5$, 则 $gS_2^\alpha = \{1, a^4, a^5, a^7\}$。所以 $S_1 \neq gS_2^\alpha$ 对某个 $g \in G$, $\alpha \in Aut(G)$。

由于 $\Gamma_1 \cong^\sigma \Gamma_2$, 所以 Γ_1 和 Γ_2 都不是 BCI-图, 因此 G 不是一个 4-BCI-群。□

由引理 6.4, 给出注释 6.1。

注释 6.1 由引理 2.11, 我们知道所有的有限群是 1-BCI-群。然而, 一个有限群 G 是 1-CI-群当且仅当 G 中所有对合在 $Aut(G)$ 中共轭, 因此有无穷多的有限群是 1-BCI-群, 但不是 1-CI-群。

另外, 由 B. D. McKay 的计算机查找结果知道 Z_8 是个 CI-群, 因此 Z_8 是一个 4-CI-群。然而, 由引理 6.4, Z_8 不是 4-BCI-群。

引理 6.4 初等交换群 $Z_2 \times Z_2 \times Z_2$ 是 BCI-群。

证明: 让 $G \cong Z_2 \times Z_2 \times Z_2 = \langle a \rangle \times \langle b \rangle \times \langle c \rangle$, 这里 $o(a) = o(b) = o(c) = 2$。则 $Aut(G) \cong GL(3, 2)$, 且在同阶元素上

传递。所以由引理 2.11(2)，G 是一个 2-BCI-群。令 $S \subseteq G$ 和 $1 \in S$。

Ⅰ．设 $|S| = 3$ 和 $S = \{1, x, y\}$，这里 $x, y \in G$。因为所有的同阶元素在 $Aut(G)$ 中共轭，我们可以假设 $x = a \in S$。则 $S = \{1, a, y\}$，这里 $y \in \Omega = \{b, c, ab, ac, bc, abc\}$。令 $\Delta_1 = \{b, c, bc\}$ 和 $\Delta_2 = \{ab, ac, abc\}$。则 $\Omega = \Delta_1 \cup \Delta_2$。进一步，$a\{1, a, y\} = \{1, a, y'\}$。这里 $y \in \Delta_1$ 和 $y' \in \Delta_2$。因此，S 至少共轭于 $\{1, a, y\}$ 中之一。其中，$y \in \Delta_1$。令 $S_1 = \{1, a, b\}$，$S_2 = \{1, a, c\}$ 和 $S_3 = \{1, a, bc\}$。

令

α：$a \mapsto a$，$b \mapsto c$，$c \mapsto b$。

β：$a \mapsto a$，$b \mapsto bc$，$c \mapsto ac$。

则 $\alpha, \beta \in Aut(G)$。进一步地，$S_1^\alpha = S_2$ 和 $S_1^\beta = S_3$。因此，对每个子集 S，如果 $|S| = 3$，则 S 共轭于 $\{1, a, b\}$。所以，G 是一个 3-BCI-群。

Ⅱ．设 $|S| = 4$. 因为所有的同阶元素在 $Aut(G)$ 中共轭，我们假设 $a \in S$。则 $S = \{1, a, x, y\}$，其中 $x, y \in \{b, c, ab, ac, bc, abc\}$。

首先，假设 $BCay(G, S)$ 不连通。则由引理 2.7，$G \neq$

$\langle S \rangle$，所以 S 是下面其中之一：$S_1 = \{1,\ a,\ b,\ ab\}$，$S_2 = \{1,\ a,\ c,\ ac\}$ 和 $S_3 = \{1,\ a,\ bc,\ abc\}$。令 α、β 是 I 中的群同构。则 $S_1^\alpha = S_2$，$S_1^\beta = S_3$。所以，$BCay(G,\ S_i)$ 是 BCI-图，$i = 1,\ 2,\ 3$。

其次，设 $BCay(G,\ S)$ 连通。则 $G = \langle S \rangle$。因为对任意两个子集 $S = \{1,\ a,\ x,\ y\}$ 和 $S' = \{1,\ a,\ x',\ y'\}$，这里 x，x'，y，$y' \in G$，当 $G = \langle S \rangle = \langle S' \rangle$，存在 $\gamma \in Aut(G)$ 使得 $S^\gamma = S'$，所以 $BCay(G,\ S)$ 是一个 BCI-图。所以，G 是一个 4-BCI-群。因此，由推论 6.1，G 是一个 BCI-群。□

引理 6.5 四元数群 Q_8 是一个 BCI-群。

证明： 让 $G = Q_8 = \{\pm 1,\ \pm i,\ \pm j,\ \pm k\}$ 是四元数群。其中，$i^2 = j^2 = k^2 = -1$，$ij = k$，$jk = i$ 和 $ki = j$。则 $A := Aut(G) \cong S_4$ 在同阶元素上传递。所以，由引理 2.11(2)，G 是一个 2-BCI-群。令 $S \subseteq G$ 和 $1 \in S$。

I. 设 $|S| = 3$ 和 $S = \{1,\ x,\ y\}$，其中，$x,\ y \in G$。因为 G 包含一个对合和 6 个 4 阶元，所以 S 至少包含一个 4 阶元。因为所有同阶元素在 A 中共轭，不失一般性，假设 $x = i \in S$。

首先，假设 $BCay(G,\ S)$ 不连通。则，$G \neq \langle S \rangle$，所以 S 等于 $\{1,\ i,\ -1\}$ 或者 $\{1,\ i,\ -1\}$。因为 $-i\{1,\ i,\ -1\} = \{1,$

i，$-i$｝，所以 $BCay(G, S)$ 是一个 BCI-图。其次，假设 $BCay(G, S)$ 连通。则，$G=\langle S\rangle$，所以 $y\in\{\pm j, \pm k\}$。令 A_i 是 A 在点 i 处的稳定子群。则因为 A_i 在 $\{\pm j, \pm k\}$ 上传递，所以 $BCay(G, S)$ 是一个 BCI-图。因此 G 是一个 3-BCI-群。

Ⅱ. 设 $|S|=4$。则 S 至少包含两个 4 阶元。因为所有的同阶元素在 A 中共轭，我们假设 $i\in S$。则 $S=\{1, i, x, y\}$。其中，$x, y\in\{-1, -i, \pm j, \pm k\}$。

如果 $BCay(G, S)$ 不连通，则 $G\neq\langle S\rangle$，所以 $S=\{1, -1, i, -i\}$。因此 $BCay(G, S)$ 是一个 BCI-图。

现在假设 $BCay(G, S)$ 连通，则 $G=\langle S\rangle$。首先，设存在 $x_1, x_2\in S$，使得 $x_1=-x_2$。因为 $G=\langle S\rangle$，所以 $|\{-1, -i\}\cap\{x, y\}|=1$ 或者 $\{-1, -i\}\cap\{x, y\}=\emptyset$ 和 $x=-y$。如果 $|\{-1, -i\}\cap\{x, y\}|=1$，则不失一般性，设 $x=-1$ 或者 $-i$. 则 $y\in\{\pm j, \pm k\}$。因为 A_i 在 $\{\pm j, \pm k\}$ 上传递，所以 S 共轭于 $\{1, i, -1, j\}$ 或者 $\{1, i, -i, j\}$。令 $\beta\in A$ 使得 $i^{\beta}=-i$，$j^{\beta}=-k$。则 $\{1, i, -i, j\}=i\{1, i, -1, j\}^{\beta}$。

如果 $\{-1, -i\}\cap\{x, y\}=\emptyset$，且 $x=-y$，则 S 等于 $\{1, i, j, -j\}$ 或者 $\{1, i, k, -k\}$。令 $\alpha_1, \alpha_2\in A$，使得 $i^{\alpha_1}=-j$，$j^{\alpha_1}=k$；$i^{\alpha_2}=-k$，$j^{\alpha_2}=-j$。则 $j\{1, i, -1, j\}^{\alpha_1}=\{1, i,$

j, $-j$} 和 k {1, i, -1, j}$^{\alpha_2}$ = {1, i, k, $-k$}。

其次，设不存在 x_1，$x_2 \in S$ 使得 $x_1 = -x_2$。则 S 等于下面之一：{1, i, j, k}，{1, i, j, $-k$}，{1, i, $-j$, k} 和 {1, i, $-j$, $-k$}。令 $\gamma \in A$ 使得 $j^\gamma = -k$，$k^\gamma = j$。则 $-k$ {1, i, j, k} = {1, i, $-j$, $-k$}，$-j$ {1, i, j, $-k$} = {1, i, $-j$, k} 和 {1, i, j, k}$^\gamma$ = {1, i, j, $-k$}。

所以，S 共轭于 {1, i, -1, j} 或者 {1, i, j, k}。令 S = {1, i, -1, j} 和 S' = {1, i, j, k}。令 Γ^1 = $BCay(G, S)$ 和 Γ^2 = $BCay(G, S')$。现在，我们证明 $BCay(G, S) \not\cong BCay(G, S')$。

令 ρ_1，$\rho_2 \in A$ 使得 $i^{\rho_1} = -i$，$j^{\rho_1} = -j$；$i^{\rho_2} = -j$，$j^{\rho_2} = -i$。则 $S^{\rho_1} = S^{-1}$ 和 $S'^{\rho_2} = S'^{-1}$。则由引理 5.3(1)，$BCay(G, S)$ 和 $BCay(G, S')$ 都点传递。

令 $v = (1, 0) \in V(\Gamma^1)$ 和 $u = (1, 0) \in V(\Gamma^2)$。则不难验证 $|\Gamma_2^1(v)| = 7$ 和 $|\Gamma_2^1(v)| = 6$。所以，$\Gamma^1 \not\cong \Gamma^2$。因此 G 是一个 4-BCI-群。所以，由推论 6.1 知道 Q_8 是一个 BCI-群。□

现在我们可以证明本章的主要结果定理 6.7。

定理 6.1 除了二面体群 D_8，循环群 Z_8 和交换群 $Z_4 \times Z_2$ 外，所有的阶小于 9 的群都是 BCI-群。

证明：设 G 是一个有限群，使得 $1 \leqslant |G| \leqslant 8$。如果 $|G|=1$，则 G 是一个 BCI-群。现在，首先设 $|G|=2$，$|G|=3$，$|G|=5$ 或者 $|G|=7$。则 G 是一个素数阶循环群。由引理 2.13(1)，G 是一个 BCI-群。

其次，设 $|G|=4$ 或 $|G|=6$。则由引理 6.3，G 是一个 BCI-群。

最后，设 $|G|=8$. 则 $G \cong Z_8$，$Z_4 \times Z_2$，$Z_2 \times Z_2 \times Z_2$，$D_8$ 或 Q_8。由引理 6.4，Z_8 不是一个 4-BCI-群；由引理 6.5 和引理 6.6，$Z_2 \times Z_2 \times Z_2$ 和 Q_8 是 BCI-群。现在，设 $G \cong Z_4 \times Z_2$ 或者 $G \cong D_8$。如果 $G \cong Z_4 \times Z_2 = \langle a \rangle \times \langle b \rangle$，其中 $o(a)=4$ 和 $o(b)=2$。则 $o(a^2)=2$。进一步，没有 $\alpha \in Aut(G)$ 使得 $b^{\alpha} = a^2$。如果 $G \cong D_8 = \langle c \rangle \rtimes \langle d \rangle$，其中，$o(c)=4$ 和 $o(d)=2$。则 $c^2 \in Z(G)$ 和 $o(c^2)=2$。不存在 $\beta \in Aut(G)$ 使得 $b^{\beta} = a^2$。所以，由引理 2.11(2)，$Z_4 \times Z_2$ 和 D_8 都不是 2-BCI-群。□

附　录

附录1 记号

记号	含义
$R(G)$	群 G 的右正则表示
$T \leqslant G$	T 是 G 的子群
$N \triangleleft G$, G/N	N 是群 G 的正规子群，G 关于 N 的商群
$N \times K$	群 N 与 K 的直积
$G \lesssim A$	群 G 同构于群 A 的一个子群
$H \cong K$	群 H 和群 K 同构
$S \sim T$	集合 S 和集合 T 等价
$S \approx T$	集合 S 和集合 T 共轭
$Aut(G)$	群 G 的全自同构群
Z_n, S_n, A_n	n 阶循环群，n 次对称群，n 次交错群
$Sym(\Omega)$, $Alt(\Omega)$	集 Ω 上的对称群与交错群
A_v	群 A 关于点 v 的稳定子群
(V, E)	以 V 为点集 E 为边集的图
$\{u, v\}$	图中连接点 u 与点 v 的一条无向边
$\Gamma_1(v)$	图 Γ 中点 v 的邻域
$V(\Gamma)$, $E(\Gamma)$, $A(\Gamma)$	图 Γ 的点集，边集与弧集

有限双Cayley图的同构问题
The Isomorphism Problems of Finite bi-Cayley Graphs

续表

记号	含义
$\Gamma \cong \overline{\Gamma}$	图 Γ 和图 $\overline{\Gamma}$ 同构
$BCay\ (G,\ S)$	群 G 关于 S 的双 Cayley 图
$Cay\ (G,\ S)$	群 G 关于 S 的 Cayley 图
$Aut\ (\Gamma)$	图 Γ 的全自同构群

附录 2 术语

中文名称	英文名称
群	group
有限群	finite group
（非）可解群	（in）solvable group
单群	simple group
有限非交换单群	finite nonabelian simple group
子群，正规子群，商群	subgroup, normal subgroup, quotient group
正规化子，中心化子	normalizer, centralizer
右正则表示	right representation
右乘置换表示	right multiplication permutation representation
直积，半直积	direct product, semi-direct product
置换群	permutation group
齐次循环群	homocyclic group
传递的	transitive
轨道	orbit
标准双覆盖	standard double cover
等价	equivalent

续表

中文名称	英文名称
共轭	conjugation
点稳定子	vertex stabilizer
n 次交错群	alternating group of degree n
n 次对称群	symmetric group of degree n
对合	involution
图	graph
点，边，弧，s-弧	vertex, edge, arc, s-arc
点集，边集，弧集	vertex set, edge set, arc set
邻域	neighborhood
度	valency
点传递	vertex-transitive
边传递	edge-transitive
弧传递	arc-transitive
s-弧传递	s-arc-transitive
s-传递	s-transitive
平凡同构	normal isomorphism
全自同构群	full automorphism group
双 Cayley 图	bi-Cayley graph
Cayley 图	Cayley graph
正规 Cayley 图	normal Cayley graph

参考文献

［1］Z. P. Lu, C. Q. Wang and M. Y. Xu, Semisymmetric cubic graphs constructed from bi－Cayley graphs of An, Ars Combin, 2006（80）: 177-187.

［2］徐尚进, 靳伟, 石琴等. 双 Caylcy 图的 BCI-性. 广西师范大学学报, 2006, 26（2）: 33-36.

［3］徐明曜. 有限群导引（第二版）（上, 下册）. 北京: 科学出版社, 1999.

［4］N. Biggs. Algebraic Graph Theory（second edition）, Cambridge University Press, Cambridge, 1993.

［5］H. S. M. Coxeter and W. O. J. Moser. Generators and relations for discrete groups, Springer, Berlin, Gottinger, 1957.

［6］G. O. Sabidussi. Vertex transitive graphs, Monatsh,

Math, 1964 (68): 426-438.

[7] C. H. Li. On isomorphisms of finite Cayley graphs——A survey, Discrete Math, 2002 (256): 301-334.

[8] M. Muzychuk. Adam's conjecture is true in the square-free case, J. Combin Theory (A), 1995 (72): 118-134.

[9] C. E. Praeger. Finite transitive permutation groups and finite vertex-transitive graphs, in Graph Symmetry: Algebraic Methods and Applications, NATO ASI Ser. C, 1997 (497): 277-318.

[10] X. G. Fang, C. H. Li and M. Y. Xu. On edge - transitive Cayley graphs of valency four, European J. Combin, 2004 (25): 1107-1116.

[11] J. X. Zhou and Y. Q. Feng. Two sufficient conditions for non-normal Caylay graphs and their applications, Sci. China Ser. A, 2007, 50 (2): 201-216.

[12] M. Muzychuk. On Adam's conjecture for circulant graphs, Discrete Math, 1997 (167/168): 497-510.

[13] C. H. Li. Isomorphisms of finite Cayley graphs, Bull. Austral Math. Soc, 1997 (56): 169-172.

［14］C. H. Li. On isomorphisms of connected Cayley graphs, II, J. Combin. Theory Ser. B, 1998 (74): 28-34.

［15］M. Y. Xu. Automorphism groups and isomorphisms of Cayley digraphs, Discrete Math, 1998 (182): 309-319.

［16］S. J. Xu. The nature of non-weak 3-DCI in frobenius group with 3p order, Guangxi Sci, 2000, 7 (2): 115-117.

［17］方新贵. 有限交换 2-DCI-群的刻画. 数学杂志, 1988 (8): 315-317.

［18］徐尚进, 李靖建, 靳伟等. qp 阶亚循环群的弱 q-DCI 性. 广西师范大学学报, 2007 (25): 10-13.

［19］C. D. Godsil. On Cayley graph isomorphisms, Ars Combin, 1983 (5): 231-246.

［20］C. H. Li. On isomorphisms of connected Cayley graphs III, Bull. Austral Math. Soc, 1998 (58): 137-145.

［21］M. Hirasaka, M. Muzychuk. Association schemes with a relation of valency two, Discrete Math, 2002 (244): 109-135.

［22］C. D. Godsil. On the full automorphism group of a graph, Combinatorica, 1981 (1): 243-256.

［23］X. G. Fang. C. H. Li J. Wang and M. Y. Xu. On cubic

Cayley graphs of finite simple groups, Discrete Math, 2002 (244): 67-75.

[24] C. H. Li. Isomorphisms and classification of Cayley graphs of small valencies on finite abelian groups, Australas. J. Combin, 1995 (12): 3-14.

[25] C. H. Li. On isomorphisms of connected Cayley graphs, Discrete Math, 1998 (178): 109-122.

[26] D. Z. Djokovic. Isomorphism problem for a special class of graphs, Acad. Sci. Hungar, 1970 (21): 267-270.

[27] B. Elspas and J. Turner. Graphs with circulant adjacency matrices, J. Combin, Theory, 1970 (9): 297-307.

[28] J. Turner. Point symmetric graphs with a prime number of points, J. Combin, Theory, 1967 (3): 136-145.

[29] B. D. Mckay. Unpublished computer search for cyclic CI graphs.

[30] L. Babai. Isomorphism problem for a class of point-symmetric structure, Acta Math. Acad. Sci, Hungar, 1977 (29): 329-336.

[31] L. Babai and P. Frankl. Isomorphisms of Cayley graphs

I, in: Colloqzeria Mathematica Societatis JNanos Bolyai, Vol. 18. Combinatorics, Keszthely, 1976, North – Holland, Amsterdam, 1978: 35–52.

［32］ L. A. Nowitz. A non–Cayley–invariant Cayley graph of the elementary Abelian group of order 64, Discrete Math, 1992 (110): 223–228.

［33］ C. H. Li and C. E. Praeger. Finite groups in which any two elements of the same order are either fused or inverse–fused, Comm. Algebra, 1997, 25 (11): 3081–3118.

［34］ C. H. Li and C. E. Praeger. On the isomorphisms problem for finite Cayley graphs of bounded valency, European J. Combin, 1999 (20): 279–292.

［35］ S. F. Du and M. Y. Xu. A classification of semi–symmetric graphs of order 2pq, Com. Algebra, 2004 (25): 1107–1116.

［36］ D. Gorenstein. Finite Groups, (second edition). Chelsea Publishing Co. , New York, 1980.

［37］ D. J. S. Robinson. A course in the theory of groups, (second edition), Springer–Verlag, New York, 1982.

［38］ M. Suzuki. Group theory I , Springer–Verlag, New

York，1982.

　[39] M. Suzuki. Group Theory Ⅱ，Springer－Verlag，New York，1986.

　[40] J. D. Dixon and B. Mortimer. permutation Groups，Springer，New York，1996.

　[41] H. Wielandt. Finite permutation groups，New York：Academic Press，1964.

　[42] C. H. Li and C. E. Praeger. The finite simple groups with at most two fusion classes of every order，Comm. Algebra，1996（24）：3681-3704.

　[43] Z. P. Lu. On the automorphism groups of bi－Cayley graphs，北京大学学报（自然科学版），2003，39（1）：1-5.

　[44] 路在平. 双 Cayley 图和三度半对称图. 北京大学博士学位论文，2003.

　[45] 靳伟. 双 Cayley 图 的若干性质. 广西大学硕士学位论文，2007.

　[46] J. H. Conway，R. T. Curtis，S. P. Norton，R. A. Parker and R. A. Wilson. Atlas of finite groups，Clarendon Press，Oxford，1985.

［47］覃建军，徐尚进，邓芸萍 . 4p 阶二面体群的弱3-CI 性图数学的实践与认识，2012（9）：115-121.

［48］C. E. Praeger. Highly arc transitive digraphs，European J. Combin，1989（10）：281-292.

［49］D. Gorenstein. Finite simple groups，Plenum Press，New York，1982.

后　记

　　本书内容的完成得到了许多老师和同学的热情帮助及支持。在此，我向他们表示最诚挚的谢意。

　　首先，我要衷心感谢我的博士导师——中南大学刘伟俊教授。在攻读博士学位期间，刘老师为我付出了许多心血和时间。在研究及写作本书内容的大部分时间，我一直得到刘老师的指导，使我对置换群和有限单群的认识有了很大的提高。刘老师渊博的学识，严谨的治学态度给我留下了深刻的印象，另外刘老师还时时教我为人处事的道理，令我受益终身。在此我要衷心地向刘老师说一声谢谢！

　　其次，我要感谢我的硕士导师——广西大学徐尚进教授。徐老师引领我走进数学研究这个领域，教会了我做学术的方法，使我深深地爱上了群论与图论这个充满神奇魅

力的领域。衷心感谢徐老师的教诲！

再次，我还要感谢给予我帮助的各位老师和同学，特别是与我同方向的学友。在此，向他们献上我最美好的祝愿！

最后，我要感谢我的父母和家人。感谢他们一直对我学习的全力支持和鼓励！

靳　伟

2019 年